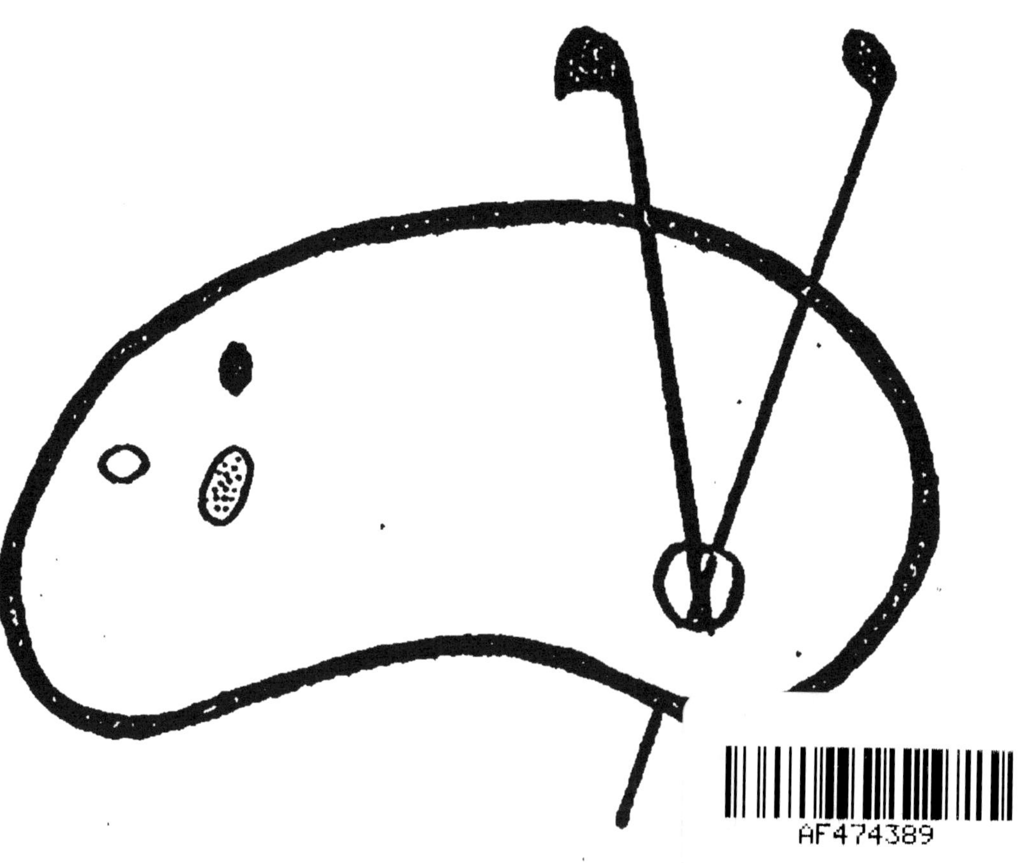
AF474389

DEBUT D'UNE SERIE DE DOCUMENTS
EN COULEUR

PREMIÈRS ENSEIGNEMENTS

DE CHIMIE

PAR

AD. FOCILLON

TOURS

ALFRED MAME ET FILS

ÉDITEURS

BIBLIOTHÈQUE ILLUSTRÉE

FORMAT IN-8°

Chimie (la), premiers enseignements, par M. Focillon.

Deux ans dans l'Afrique orientale, par Émile Jonveaux; illustration par Émile Bayard.

Herculanum et Pompéi, scènes de la civilisation romaine, par Mgr C. Chevalier.

Hollande a vol d'oiseau (la), par P. Depelchin.

Océan (l'), par Arthur Mangin.

Phénomènes de l'Air (les), par Arthur Mangin.

Science a travers champs (la), par Mlle Marie Maugeret.

Souvenirs d'Espagne, par M. Eugène Poitou; illustration par V. Foulquier.

Suisse pittoresque (la), croquis de voyage, par Paul Fribourg; illustration par Karl Girardet.

Une Ferme-Modèle, ou l'Agriculture mise à la portée de tout le monde, par H. de Chavannes de la Giraudière.

Tours, impr. Mame.

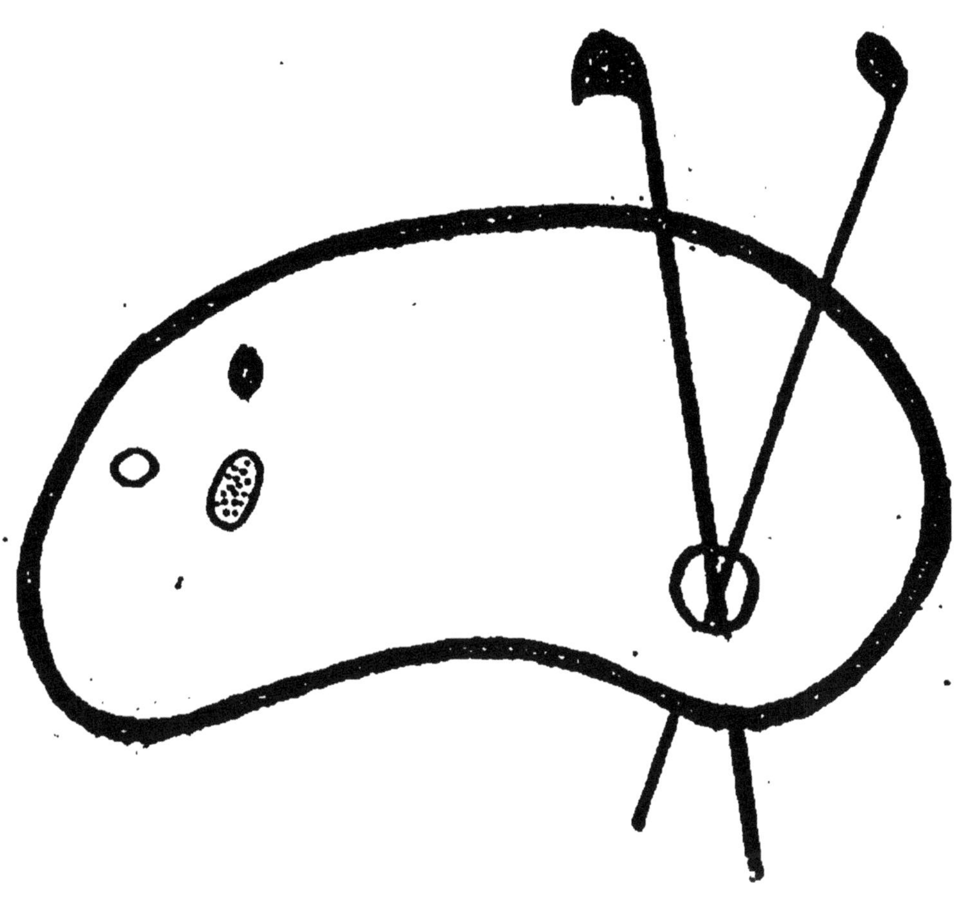

FIN D'UNE SERIE DE DOCUMENTS
EN COULEUR

PREMIERS ENSEIGNEMENTS

DE CHIMIE

IN-8° — SÉRIE ILLUSTRÉE

550
1881

PROPRIÉTÉ DES ÉDITEURS

PREMIERS ENSEIGNEMENTS

DE CHIMIE

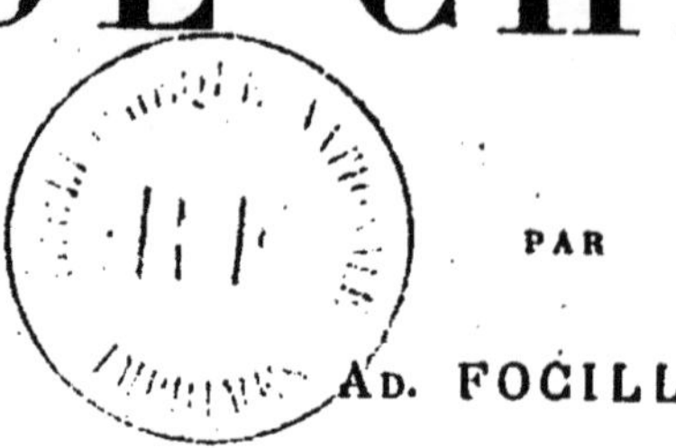

PAR

AD. FOCILLON

TROISIÈME ÉDITION

TOURS

ALFRED MAME ET FILS, ÉDITEURS

M DCCC LXXXI

CHAPITRE I

QU'EST-CE QUE LA CHIMIE?

§ 1. — DE QUOI S'OCCUPENT LES CHIMISTES?

Lorsqu'on brûle dans une cheminée du bois, du charbon de terre ou du coke, le feu, qui commence à se montrer sur quelques points, s'étend de proche en proche; le combustible se réduit peu à peu, et il ne reste bientôt plus qu'un peu de cendres. Tandis que le feu brûlait consumant le combustible, de la fumée s'élevait du foyer et montait dans le corps de la cheminée.

Si l'on demande ce que le bois, ce que le charbon de terre, ce que le coke est devenu; comment s'est formée la fumée, de quoi elle se compose, on pose une question de *chimie*.

Parmi les matières qui servent à faire du feu, il en est, comme la houille et le bois, que la nature fournit dans l'état où on les brûle. Il suffit d'abattre le bois des forêts, de le laisser sécher et de le scier pour obtenir les bûches que l'on met au feu. La houille ou charbon de terre s'extrait du sein de la terre. Mais le charbon de bois, le coke, se préparent, l'un avec le bois, l'autre avec la houille. Cette transformation du bois et du charbon de terre est une opération chimique.

C'est encore une opération chimique qui épure le suif et le transforme en stéarine dont on fait les bougies que nous employons journellement. La fabrication du gaz d'éclairage est une autre opération de chimie devenue, comme la précédente, la base d'une grande industrie qui l'extrait de la houille ou charbon de terre.

S'il est au monde une matière qui joue un rôle important, c'est à coup sûr la *poudre*. Son invention a changé complètement l'art de la guerre parmi les hommes. Elle a fourni à l'art des mines, à l'art de l'ingénieur, de puissants moyens de creuser le roc, de percer les entrailles du sol. C'est la chimie qui nous dira de quoi se compose cette poudre si puissante et si redoutable. C'est la chimie qui nous expliquera comment, allumée dans un espace clos, elle provoque une explosion épouvantable. C'est cette science qui nous permettra de comprendre les principes de la grande industrie qui a pour but la fabrication des diverses poudres : poudre de chasse, poudre de guerre, poudre à canon, poudre de mine.

C'est encore en étudiant la chimie que l'on apprendra de quoi se composent la *pierre à bâtir* ou *pierre calcaire*, le *plâtre*, la *chaux*, le *mortier*. On apprendra d'où se tirent le mortier, le plâtre et la chaux, que la nature ne nous offre pas tout préparés.

Puis nous aurons à nous occuper des *métaux*. Les plus connus sont l'*or*, l'*argent*, le *fer*, le *cuivre*, le *plomb*, l'*étain*, le *zinc*, le *mercure*. N'est-il pas très intéressant de savoir de quels minerais divers, les uns d'aspect pierreux, les autres d'aspect plus ou moins métallique, on extrait le fer, le cuivre, le plomb, l'étain, le zinc?

Ces métaux simples ne sont pas d'ailleurs les seules substances métalliques dont on fasse usage. Chacun connaît en outre le *bronze*, le *laiton*, le *fer-blanc*, par exemple. La chimie nous dira ce que sont ces alliages des métaux simples, sortes de métaux nouveaux que crée à son gré l'industrie de l'homme.

Pour citer encore des matières bien intéressantes dont s'occupe la chimie, rappelons-nous combien est commun l'usage des objets en verre, aussi bien que celui des ustensiles en terre, en grès, en faïence, en porcelaine. Leur fabrication occupe de nombreux ouvriers et offre une extrême variété dans la forme, la valeur, la destination des produits qu'elle nous fournit. Avec quelle matière fabrique-t-on le verre? Comment l'obtient-on tantôt très coloré et à peine transparent, comme dans les bouteilles qui renferment nos vins; tantôt incolore et diaphane, comme dans les carafes où nous servons l'eau sur nos tables? L'industrie qui transforme l'argile, grossière ou pure, en tuiles, en briques, en terrines, en poêlons, en assiettes, en plats, et même en statuettes et en plaques décorées comme des tableaux, n'est pas à coup sûr moins digne d'exciter la curiosité.

Je m'arrête à ces exemples, et cependant le domaine de la chimie possède encore bien d'autres sujets d'étude. Le sucre, l'esprit-de-vin, le pain, le papier, les matières colorantes se fabriquent par des procédés que les chimistes s'occupent de comprendre et de perfectionner.

Dans le cours de ce livre très élémentaire, nous ne pourrons aborder toutes ces questions; mais nous parlerons des plus importantes, pour donner une première idée de cette science, aujourd'hui si célèbre, que l'on appelle la *chimie*.

§ 2. — LES MÉTAMORPHOSES DES CORPS MATÉRIELS PAR COMPOSITION ET PAR DÉCOMPOSITION

Si l'on passe en revue les faits qui viennent d'être cités, on reconnaîtra facilement que dans chacun d'eux il y a transformation d'un ou plusieurs corps en des corps nouveaux. Ce sont toujours des métamorphoses de la matière.

Dans le feu qui brûle, le bois ne se transforme-t-il pas en cendre et en fumée? N'est-ce pas une autre transformation qui tire des cendres la potasse ou la soude? Avec du charbon de bois, du salpêtre et du soufre on fait de la poudre; encore une transformation. Il en est ainsi de tous les faits chimiques. Avant l'opération on avait certaines matières bien caractérisées; après l'opération elles ont disparu; mais on a obtenu par leur moyen de nouvelles matières nettement différentes des premières, bien qu'elles en proviennent.

Le but des chimistes est de connaître comment on opère ces transformations; à quelles conditions on en peut tirer les matières qui nous sont utiles.

Ces métamorphoses chimiques des corps matériels résultent, en définitive, tantôt de ce que certains corps s'unissent pour former des *composés,* corps nouveaux qui naissent ainsi par voie de *composition* ou *combinaison;* tantôt de ce que certains corps se décomposent, c'est-à-dire que ceux dont ils étaient composés se séparent, reprennent leur existence propre et naissent ainsi par *décomposition.*

§ 3. — LES CORPS SIMPLES ET LES CORPS COMPOSÉS

Les chimistes appellent *décomposition* un changement de la matière dans lequel un seul corps se détruit pour donner naissance à deux ou trois corps nouveaux, dont l'union intime constituait le premier. Le plus communément les corps ainsi désunis momentanément s'unissent aussitôt à d'autres avec lesquels ils sont en contact. De sorte que, dans la plupart des opérations chimiques, il y a en même temps *décomposition* et *recomposition*. De cette double série d'actions résultent les corps nouveaux qui sont définitivement substitués à ceux dont on s'est servi.

Mais parmi tous les corps que le chimiste étudie, il en est près de soixante-dix que l'on ne connaît aucun moyen de décomposer. Ils se combinent entre eux pour former d'autres corps par *composition* ou *combinaison;* mais ils sont eux-mêmes *indécomposables.*

La chimie débute donc par établir une distinction fondamentale entre les divers corps. Elle en reconnaît deux grandes classes :

1° Les *corps simples,* que l'on ne peut décomposer en d'autres corps par aucun moyen connu ;

2° Les *corps composés,* que l'on décompose plus ou moins facilement et qui sont formés en définitive par l'union ou combinaison de deux, de trois, de quatre *corps simples.*

Je citerai parmi les corps simples vulgaires : le *diamant,* le *charbon,* le *soufre,* le *phosphore* (plus connu de nom que de vue) ; puis des métaux : l'*or,* l'*argent,* le *platine,* le *mercure* (plus communément appelé *vif-argent*), le *plomb,* l'*étain,* le *zinc,* le *fer,* le *cuivre,* l'*aluminium,* récemment introduit dans l'industrie.

Quant aux corps composés, en me bornant aux plus répandus, je nommerai : l'*eau,* le *gaz d'éclairage,* l'*alcali volatil* ou *ammoniaque,* l'*huile de vitriol,* aujourd'hui nommée *acide sulfurique;* la *pierre à bâtir,* le *marbre,* le *plâtre,* le *sel commun,* la *chaux,* la *céruse* ou *blanc de céruse,* le *bronze,* le *laiton,* le *fer-blanc,* etc. L'*air* qui nous environne est un mélange de deux airs, tous deux indécomposables, c'est-à-dire de deux gaz simples. Enfin toutes les substances tirées des animaux ou des plantes, le *vin,* le *cidre,* la *bière,* l'*eau-de-vie,* le *sucre,* la *farine,* la *viande,* etc., sont des corps composés. On parvient à les décomposer en un petit nombre de corps simples.

CHAPITRE II

LES TRANSFORMATIONS D'UN MÊME CORPS SELON LA TEMPÉRATURE

§ 1. — LE THERMOMÈTRE INDIQUE LES TEMPÉRATURES

Chacun sait qu'un même corps peut tour à tour *s'échauffer* ou *se refroidir*. On dit alors que sa *température* varie. On nomme, en effet, *température* le degré d'échauffement d'un corps. Lorsqu'un corps *s'échauffe*, c'est qu'il acquiert de la chaleur. Ainsi l'eau, sur un fourneau allumé, gagne de la chaleur provenant du charbon qui brûle en dessous. Les corps qui *se refroidissent* perdent, au contraire, de la chaleur qu'ils cèdent à d'autres corps moins échauffés qu'eux. Le *froid* n'est donc que la diminution de la chaleur ; ce n'est pas un agent particulier distinct de la chaleur et qui lui serait opposé.

La température des corps nous est indiquée par un instrument appelé *thermomètre*. Ce nom est formé de deux mots grecs et signifie *mesureur de la chaleur* (*thermos* est le nom grec de la chaleur, et *metreô* veut dire en grec mesurer). Cet instrument est en verre et contient du mercure ou vif-argent, sorte de métal liquide d'un blanc argenté, dont les physiciens et les chimistes se servent souvent dans leurs expériences. Le verre du thermomètre a la forme d'un tube fermé auquel est soudé par le bas un réservoir de verre en forme de boule ou de cylindre. Le tube et son réservoir forment donc une espèce de vase clos qui contient le mercure. Celui-ci est en quantité telle qu'il remplit le réservoir, et s'élève dans le tube à l'intérieur duquel on l'aperçoit comme une mince colonne métallique. Lorsque le thermomètre s'échauffe, la colonne de mercure s'élève dans le tube; elle descend, au contraire, lorsque le thermomètre se refroidit. Dans le premier cas, on dit que *la température s'élève;* dans le second, on dit qu'elle *s'abaisse.* Sur le thermomètre lui-même, ou sur une planchette fixée derrière le tube en verre, sont tracés à des distances régulières de petits traits rapprochés, ou *divisions,* que l'on nomme les *degrés du thermomètre.* Ils servent à reconnaître si le sommet de la colonne de mercure s'élève ou s'abaisse, et à noter par un chiffre la température que l'instrument indique.

L'un de ces traits ou divisions, placé vers le bas du tube, porte le chiffre 0 (zéro), et souvent on lit vis-à-vis le mot *glace.* C'est au niveau de cette division que se trouve la colonne de mercure lorsque le réservoir du thermomètre est entouré de *glace fondante;* 0, que l'on énonce *zéro degré* ou *température zéro,* est donc la température à laquelle la glace fond et se change en eau.

Plus haut sur le tube du thermomètre on trouve une autre division qui porte le chiffre 100. Souvent on lit en regard les mots *eau bouillante.* C'est, en effet, la division au niveau de laquelle se place le sommet de la colonne de mercure, lorsque l'instrument est plongé dans la vapeur de l'eau bouillante. C'est donc la température de l'ébullition de l'eau, 100 degrés.

De 0 à 100 degrés on lit tracés sur le thermomètre, ou sur sa planchette, cent traits ou divisions que l'on nomme *degrés.* Ils se continuent au-dessus de 100 jusqu'au haut du tube et portent les numéros 101, 102, 103, etc. Au-dessous de 0 on en trouve aussi jusqu'au bas du tube; mais ils sont numérotés, à partir de zéro, en descendant vers le réservoir, 1, 2, 3, 4, etc. Ce sont les degrés au-dessous de zéro, parfois appelés degrés de froid. Lorsqu'on écrit les températures, on n'emploie pas ordinairement le mot degrés. On le remplace par une abréviation qui consiste en un petit ° placé au-dessus et à droite du nombre indiquant la température. Ainsi 12° se lit *douze degrés*. Lorsqu'on n'ajoute rien à cet énoncé, il s'agit de degrés au-dessus de zéro. S'il s'agit, au contraire, de degrés de froid, on écrit — 12°, qui se lit *douze degrés au-dessous de zéro,* ou, plus rapidement, *moins douze degrés*.

La série des divisions portées sur le tube du thermomètre se nomme l'*échelle* du thermomètre. Comme cette échelle porte 100 degrés entre la température de la glace fondante et celle de la vapeur d'eau bouillante, on l'appelle *échelle centigrade* (à 100 degrés), et le thermomètre qui la porte s'appelle aussi le *thermomètre centigrade*.

§ 2. — LES TROIS ÉTATS DES CORPS

Chacun connaît, parmi les corps les plus communs, l'*eau,* qui pour nous est le type des *liquides*. Mais tout le monde aussi connaît la *glace;* chacun sait bien que c'est de l'eau congelée, c'est-à-dire devenue *solide* sous l'influence du froid. Enfin il n'est personne qui ne connaisse la *vapeur d'eau,* souvent désignée d'une façon absolue sous ce simple nom, la *vapeur*. En résumé, *vapeur, eau, glace,* sont trois noms d'un seul et même corps, se présentant sous trois *états* différents. L'eau étant le *liquide* par excellence, la *glace* est en quelque sorte de l'eau solide, et la *vapeur* est de l'eau à l'état d'air ou de *gaz*.

Tous les corps peuvent, comme l'eau, se présenter sous les trois *états* qui viennent d'être indiqués; mais dans les conditions naturelles il ne nous est pas donné de les voir tous sous leurs trois états.

Les uns sont habituellement solides, comme le fer, le cuivre, le plomb, le charbon, le soufre, le verre, etc.

D'autres s'offrent ordinairement à nous sous la forme liquide, comme le mercure, l'alcool ou esprit-de-vin, l'huile, etc.

Il en est enfin qui se tiennent à l'état gazeux; ce sont les *airs* ou *gaz* et les *vapeurs*. On peut citer surtout l'air atmosphérique, le gaz ammoniac ou alcali volatil, l'acide carbonique, qui se dégage des boissons mousseuses : bière, vin de Champagne, eau de Seltz, etc.

§ 3. — LES CHANGEMENTS D'ÉTAT

Si l'on veut réduire en eau un morceau de glace, chacun sait qu'il faut l'échauffer. C'est ce qu'on appelle *fondre* ou *faire fondre* la glace. On nomme *fusion* ce changement d'état où un solide passe à l'état liquide sans que la nature du corps soit modifiée.

On appelle, au contraire, *congélation* ou *solidification* le passage d'un liquide à l'état solide. Ce passage se produit toujours à l'aide du refroidissement.

La plupart des liquides, lorsqu'on les chauffe, se transforment en vapeur; c'est ce qu'on appelle la *vaporisation*. Néanmoins les liquides, à toute température, se transforment en vapeur sur leur surface libre; c'est ce qu'on nomme l'*évaporation*.

On nomme *condensation* ou *liquéfaction* le passage de l'état gazeux à l'état liquide. Le refroidissement provoque la congélation; c'est aussi le refroidissement qui provoque la condensation des vapeurs et les ramène à l'état liquide. Mais ce n'est pas la seule cause qui puisse produire cet effet. En comprimant une certaine quantité de vapeur, on diminue progressivement son volume et l'on arrive plus ou moins promptement à la liquéfier.

§ 4. — LA FUSION

Le degré d'échauffement, c'est-à-dire la *température* nécessaire pour produire la fusion est toujours la même pour un même corps, mais diffère d'un corps à un autre. Cette température, propre à chaque corps, où s'opère la fusion, se nomme le *point de fusion.*

Un grand nombre de corps solides fondent à une température plus élevée que la glace. Ainsi la cire blanche fond à 68°; le soufre, à 110°; le plomb, à 320°; le zinc, à 360°; etc. D'autre part, il est des corps qui, à la température 0°, conservent encore l'état liquide. Leur fusion a donc lieu à une température plus basse. Dans ce cas nous les considérons, dans notre langage, comme des liquides qui se congèlent, plutôt que comme des solides qui fondent au-dessous de 0°. C'est ainsi que le mercure, métal liquide à la température ordinaire de nos climats, se congèle à 40° au dessous de 0°, ce qui s'écrit : — 40°, et se prononce : moins quarante degrés, ou quarante degrés de froid. En réalité le *point de fusion* du mercure est donc — 40°; mais comme habituellement nous manions le mercure fondu et le voyons se congeler à — 40°, nous appelons — 40° le *point de congélation* du mercure.

Ainsi que pour le mercure, les autres corps en fusion *se congèlent,* c'est-à-dire redeviennent solides à la même température où s'opère leur fusion. Les points de fusion et les points de congélation sont donc identiques pour chaque corps.

§ 5. — L'ÉBULLITION

Des faits analogues s'observent dans le passage des corps liquides à l'état gazeux, et dans le passage inverse des corps gazeux à l'état liquide. Chaque liquide *se vaporise* à une température qui lui est propre. La vaporisation s'effectue habituellement sous l'influence d'un échauffement de toute la masse liquide. Alors, dans les points les plus échauffés de cette masse, on voit apparaître des bulles de vapeur qui s'élèvent vers la surface et s'échappent en bouillonnant dans l'atmosphère. On dit alors que le liquide *bout* (ce qui veut dire émet des bulles). La température où la vaporisation s'opère se nomme le *point d'ébullition* (du verbe latin *ebullire,* qui signifie *bouillir*). Voici quelques exemples des points d'ébullition de certains liquides, dans les conditions ordinaires de pression atmosphérique (pression normale, égale à celle d'une colonne de mercure de 760 millimètres). L'eau bout à 100° du thermomètre centigrade; l'éther sulfurique, à 37°; l'alcool, à 79°; le mercure, à 350°; le soufre fondu, à 440°.

Il existe des corps gazeux à la température ordinaire qu'un refroidissement plus ou moins grand ramène à l'état liquide. Il y a donc des corps qui ont leur point d'ébullition au-dessous de 0°. Ainsi l'acide sulfureux, ce gaz irritant, qui se dégage et provoque la toux lorsqu'on brûle du soufre, est gazeux à 0° et aux températures plus élevées. A 10° au-dessous de 0° (à — 10°), il se liquéfie, ou se condense. On dit donc que l'acide sulfureux a son *point de condensation* à — 10° (moins dix degrés).

Les *points de condensation* ou de liquéfaction des corps vaporisés s'observent aux températures mêmes qui sont indiquées comme les *points d'ébullition*.

Il est un certain nombre de corps qui peuvent absorber beaucoup de chaleur et s'élever à des températures très hautes, sans quitter l'état solide. Parvenus à des températures de 500° environ, ces corps solides, qui ne fondent pas et ne se décomposent pas, deviennent lumineux; c'est ce que l'on nomme les *températures rouges*. Plus la température est élevée, plus l'éclat lumineux devient vif et tourne du rouge au blanc. On a coutume de désigner les températures par la nuance même de rouge que prend le corps échauffé. Voici les températures qui correspondent à ces désignations :

Rouge naissant.	525° à 690°
— sombre.	700° à 790°
— cerise.	800° à 990°
— cerise clair.	1000° à 1090°
— orangé.	1100° à 1290°
— blanc naissant. . . .	1300° à 1490°
— blanc éblouissant. . .	1500° à 1800°

§ 6. — LA DISSOLUTION

La fusion par la seule influence de la chaleur, c'est-à-dire la *fusion* proprement dite, n'est pas, pour les corps solides, la seule façon de devenir liquides.

Lorsqu'on prend un morceau de sucre et qu'on le met dans un verre contenant une certaine quantité d'eau, chacun sait qu'au bout d'un peu de temps on n'aperçoit plus trace du morceau de sucre. Le verre ne contient plus qu'un liquide en apparence absolument semblable à l'eau qui y était primitivement. Le sucre a-t-il donc disparu? Non, car l'eau a contracté le goût du sucre. Non; car si, abandonnant le verre à l'air libre pendant un temps assez long, on laisse évaporer l'eau complètement, on retrouve au fond du verre entièrement séché une masse solide que l'on reconnaît sans peine pour du sucre, ne fût-ce qu'à son goût.

La même expérience se ferait aussi bien avec du sel commun.

Il est donc clair que le sucre, que le sel commun peuvent devenir liquides, à la température ordinaire, au contact de l'eau. On dit alors que l'eau *dissout* le sucre, *dissout* le sel commun. Le phénomène s'appelle une *dissolution*, et le même mot désigne aussi le liquide qui en résulte. L'eau sucrée est une *dissolution* ou une *solution* de sucre dans l'eau; l'eau salée est une *dissolution* ou *solution* de sel dans l'eau.

La dissolution est un procédé extrêmement employé en chimie. Les dissolvants (corps ayant la propriété de dissoudre d'autres corps) les plus employés sont l'eau, l'alcool, l'éther, l'essence de térébenthine.

Les corps solides ne sont pas seuls capables de se dissoudre dans un liquide. Les gaz, les vapeurs *se dissolvent* aussi dans certains liquides. Il y a plus : lorsqu'on mélange certains liquides, il en est qui, quoi qu'on fasse, demeurent distincts et ne se confondent pas; ainsi l'eau et l'huile ne sauraient se confondre l'une dans l'autre; on dit que l'huile ne *se dissout* pas dans l'eau. Lorsque, au contraire, on verse du vin dans de l'eau, de l'huile dans de l'alcool, les liquides se mêlent complètement; il y a dissolution.

Si l'on prend des fragments de zinc et qu'on les place dans une certaine quantité d'huile de vitriol (ou acide sulfurique), le métal, au bout de peu de temps, se dissout dans le liquide. Si on laisse ensuite évaporer le liquide ou si l'on active l'évaporation en chauffant doucement, ce n'est pas du zinc que l'on retrouve en dépôt; c'est un autre corps. Le zinc n'est donc pas simplement passé à l'état liquide; il s'est transformé en un nouveau corps (sulfate de zinc). Il y a eu transformation du zinc en même temps que dissolution. Ce genre de dissolution est essentiellement une *dissolution chimique*. C'est ainsi que le marbre se dissout dans l'acide chlorhydrique, parce qu'il se transforme en un nouveau corps. C'est ainsi que l'or se dissout dans le mercure en se combinant avec lui.

Il y a donc deux genres de dissolutions. Dans l'une, le corps soluble se liquéfie sans changer de nature; dans l'autre, le corps soluble se transforme en un corps nouveau qui prend l'état liquide. Beaucoup de liquides se dissolvent l'un dans l'autre de cette seconde manière. Ainsi l'alcool ou esprit-de-vin se dissout dans l'eau en se combinant avec elle.

§ 7. — LA DISTILLATION

Lorsqu'on fait bouillir de l'eau, on la chauffe sur un fourneau, et il se dégage, par l'ébullition, de la vapeur d'eau à 100°. Si, au lieu de laisser cette vapeur se répandre et se perdre dans l'air, on la recueille en choisissant pour la faire bouillir un vase qui conserve la vapeur formée, on peut, au moyen d'un tube, la conduire dans un vase froid où elle se refroidit et se liquéfie. Elle reparaît alors sous la forme de gouttes d'eau, et l'on dit qu'elle *distille* (du mot latin *stilla*, qui signifie *goutte* qui tombe). L'eau ainsi obtenue s'appelle de l'*eau distillée*. L'opération par laquelle on l'obtient est une *distillation*.

D'une manière générale, *distiller* un corps c'est le convertir en vapeur et recueillir cette vapeur dans un *récipient* (vase qui reçoit la vapeur) disposé pour qu'elle s'y condense, c'est-à-dire y repasse à l'état liquide. C'est une opération très commune en chimie et dans les arts usuels.

Parfois on nomme *distillation* une opération où, en chauffant des corps solides, on altère leur nature de façon à provoquer la formation et le dégagement de certains produits gazeux. Ainsi, pour faire le gaz d'éclairage, on remplit de charbon de terre (houille) un vase en terre complètement clos et ne communiquant qu'avec un tuyau qui lui-même se rend sous un grand réservoir à gaz, appelé le gazomètre. On chauffe très fortement ce vase en terre, et en même temps la houille qui y est contenue, à une certaine température; il se dégage de la houille, par décomposition de certains corps qu'elle renferme, le gaz d'éclairage, qui va se récolter dans le gazomètre. On dit souvent que le gaz d'éclairage s'obtient par une *distillation de la houille en vase clos.*

CHAPITRE III

LES PRINCIPALES CATÉGORIES DE COMPOSÉS ET DE CORPS SIMPLES

---

§ 1. — LES ACIDES

Il faut commencer par apprendre à connaître un liquide constamment employé par les chimistes; ce qu'on appelle un *réactif*, d'usage courant. C'est la *teinture de tournesol*.

Il est une matière colorante, d'un brun rougeâtre ou violacé, assez connue sous le nom d'*orseille*. Cette matière est en poudre, mais se dissout dans l'eau ou dans l'alcool. On la tire de diverses plantes du groupe de celles qu'on appelle les *lichens*. Ces plantes se récoltent surtout sur les rivages des îles Canaries, ou encore sur une partie de nos côtes de Bretagne et de Normandie, aux environs de Saint-Malo et de Granville. En les mélangeant avec du carbonate de potasse ou de soude et de l'urine, on prépare une sorte de pâte bleue, que l'on moule en pain après y avoir ajouté de la craie. Lorsqu'on dissout ces pains de tournesol dans l'eau, ils donnent la liqueur connue sous le nom de *teinture de tournesol;* elle est d'un beau bleu de roi.

Elle est employée pour reconnaître deux catégories importantes de composés chimiques. Si dans un verre on verse une certaine quantité de teinture de tournesol, et qu'on y introduise deux ou trois gouttes d'huile de vitriol, par exemple, aussitôt la liqueur, changeant de couleur, passe au rouge pâle semblable à celui de la pelure des oignons vulgaires. Si dans un autre verre contenant de la teinture de tournesol on verse un peu de cette eau gazeuse connue sous le nom d'eau de seltz, la teinture change également de couleur et prend une teinte rouge moins pâle comparable à celle du vin étendu d'eau, de ce que l'on appelle vulgairement de l'eau rougie.

Les corps qui ont ainsi la propriété de *rougir* la teinture de tournesol sont ce qu'on nomme en chimie des corps *acides*. Aussi l'huile de vitriol est-elle appelée *acide sulfurique*. L'eau de seltz rougit la teinture de tournesol au moyen du gaz à saveur fraîche et piquante qui la fait mousser; ce gaz est de l'*acide carbonique*.

§ 2. — LES BASES

D'autres corps ont une propriété inverse. Si dans la teinture de tournesol rougie par un acide on verse quelques gouttes d'une solution de potasse ou de soude, ou bien quelques gouttes d'une solution d'alcali volatil (ammoniaque), la teinture reprend aussitôt sa couleur bleue. Les corps qui ont la propriété de ramener au bleu la teinture de tournesol rougie par les acides se nomment en chimie des *bases* ou des corps *basiques*. La potasse, la soude, le gaz ammoniac sont des bases énergiques.

On emploie, concurremment avec la teinture de tournesol, une autre préparation colorée, le *sirop de violettes*. Il est violet; les acides le font tourner au rouge rosé; les bases le font passer au vert.

Nous aurons à revenir souvent sur ces essais des composés chimiques. Pour les exécuter plus facilement, on prépare de petites languettes de papier imbibées de teinture de tournesol; c'est ce qu'on nomme le *papier de tournesol.* Il suffit de mettre ce papier en contact avec une liqueur acide pour le voir rougir. Une liqueur alcaline ramène au bleu ce papier rougi.

On appelle *alcalis* les bases les plus solubles dans l'eau, telles que la potasse, la soude, l'ammoniac. Les autres, telles que la chaux, la baryte, la magnésie, sont simplement appelées bases.

§ 3. — LA COMBINAISON DES ACIDES ET DES BASES

Les *acides* et les *bases* constituent en chimie deux séries de corps composés à propriétés contraires. Comme en général deux corps ont d'autant plus de tendance à se combiner l'un avec l'autre qu'ils sont plus dissemblables, tout acide a une grande tendance à se combiner avec une base pour former un nouveau composé que l'on nomme, d'une manière générale, un *sel.*

Ainsi l'*acide carbonique* (gaz de l'eau de seltz), mis en contact intime avec la *chaux,* se combine avec elle; il en résulte un *sel* que l'on nomme le *carbonate de chaux.* La craie est du carbonate de chaux en poudre.

Si l'on verse sur de la *potasse* de l'*acide sulfurique,* se produit une grande élévation de température, et la combinaison qui se fait entre les deux corps donne naissance à un *sel,* qui s'appelle du *sulfate de potasse.*

Les acides sont composés de deux corps simples. Ainsi l'*acide sulfurique* est formé par l'union d'un corps bien connu, le *soufre*, avec un gaz qui fait partie de l'air atmosphérique et que l'on nomme l'*oxygène*. De même l'*acide carbonique* est composé de *carbone* et d'*oxygène*. L'*acide phosphorique* est composé de *phosphore* et d'*oxygène*. La plupart des acides sont ainsi composés d'*oxygène* combiné avec un autre corps simple. Cependant l'*acide chlorhydrique* est un exemple d'un acide qui ne renferme pas d'oxygène; il est composé de deux gaz combinés, le *chlore* et l'*hydrogène*. On a pris l'habitude d'appeler *oxacides* les acides où il entre de l'*oxygène*, et *hydracides* ceux qui sont formés d'*hydrogène* au lieu d'*oxygène*.

Les *bases* sont également composées de deux corps simples, dont l'un est encore l'*oxygène*. La *potasse* est une combinaison d'un métal nommé *potassium* avec l'*oxygène*; la *soude*, *sodium* et *oxygène*; la *chaux*, *calcium* et *oxygène*; la *magnésie*, *magnésium* et *oxygène*. L'*ammoniac* seul ne contient pas d'oxygène; c'est un gaz *basique* composé de deux gaz simples, l'*azote* et l'*hydrogène*.

On nomme d'une façon générale *composés binaires* les corps composés de *deux* corps simples seulement.

Le *sulfate de potasse*, qui résulte de l'union de l'*acide sulfurique* (soufre et oxygène) avec la *potasse* (potassium et oxygène), ne se compose que de *trois* corps simples : *soufre*, *potassium* et *oxygène*. De même le *carbonate de chaux*, né de la réaction de l'acide *carbonique* (carbone et oxygène) sur la *chaux* (calcium et oxygène), ne se compose aussi que de *trois* corps : *carbone*, *calcium* et *oxygène*. Ce sont là des *composés ternaires*.

§ 4. — LES NOMS DES CORPS COMPOSÉS BINAIRES

En 1782, le chimiste français Guyton-Morveau proposa de réformer les noms compliqués et souvent bizarres que l'on donnait aux divers corps en chimie, et de chercher un système de nomenclature qui rappelât pour chaque corps sa composition. En 1787, l'Académie des sciences de Paris nomma, pour mettre cette idée en pratique, une commission composée de Lavoisier, Berthollet et Fourcroy, qui s'entendit avec Guyton-Morveau pour créer le système de nomenclature employé aujourd'hui. Ce système est conçu de façon à rappeler la composition chimique du corps auquel le nom s'applique.

Examinons d'abord la nomenclature des composés binaires.

Les uns sont *acides*.

D'autres sont *basiques*.

D'autres enfin sout *neutres*, c'est-à-dire ne présentent ni les propriétés des bases ni celles des acides.

Parmi les acides, nous savons que les uns contiennent de l'oxygène; quelques autres, de l'*hydrogène* au lieu d'*oxygène*. Les uns et les autres portent le nom d'*acides*. C'est l'adjectif ajouté à ce premier nom qui va achever de rappeler la composition chimique. Cet adjectif est, en effet, toujours dérivé du nom du corps simple combiné avec l'oxygène ou avec l'hydrogène. Quelques exemples feront saisir cette partie du système de nomenclature.

1er exemple. — L'*oxygène* ne forme, avec le *carbone*, qu'un seul composé acide. Dans ce cas, cet acide est désigné par un adjectif formé du nom du *carbone* avec la terminaison *ique*. C'est l'*acide carbonique*.

2e exemple. — L'*oxygène* forme, avec le *soufre*, quatre composés acides. Il faut trouver, pour les désigner, quatre adjectifs tirés du nom du *soufre* et différents l'un de l'autre. On profite de cette nécessité pour préciser un peu, par la forme de l'adjectif, la composition relative des quatre acides.

L'un d'eux contient trois fois autant d'oxygène que celui qui en renferme le moins; c'est le plus riche en oxygène. On lui maintient l'adjectif terminé en *ique*. C'est l'*acide sulfurique*. Il en est un autre qui renferme deux fois et demie autant d'oxygène que celui qui en contient le moins. On lui applique encore l'adjectif terminé en *ique*, mais on y ajoute le préfixe *hypo* qui marque l'infériorité; ce second acide oxygéné du soufre se nomme l'*acide hyposulfurique*. Le troisième, moins riche encore en oxygène que les deux premiers, en possède seulement deux fois autant que le quatrième. Il est désigné par un adjectif dérivé du nom du *soufre* (en latin *sulfur*), mais terminé en *eux;* c'est l'*acide sulfureux*. Enfin le quatrième, le moins riche en oxygène, se nomme l'*acide hyposulfureux;* c'est l'inférieur de l'acide sulfureux.

3e exemple. — L'*oxygène* forme avec le *chlore* cinq composés acides. Le moins riche en oxygène, conformément à l'exemple précédent, est l'*acide hypochloreux;* l'*acide chloreux* vient ensuite, puis l'*acide hypochlorique;* puis l'*acide chlorique,* qui contient cinq fois autant d'oxygène que l'acide hypochloreux. Le cinquième est plus riche encore : il renferme sept fois autant d'oxygène que l'hypochloreux; on le nomme *acide perchlorique*.

Nous avons vu que quelques acides ne contiennent pas d'oxygène; c'est l'hydrogène qui les constitue en s'unissant à un autre corps simple. Ainsi le *chlore* et l'*hydrogène* composent le plus connu de ces hydracides. On le nomme *acide chlorhydrique,* le distinguant ainsi au moyen d'un adjectif dont le nom dérive à la fois des noms du chlore et de l'hydrogène. On dit quelquefois aussi *acide hydrochlorique*. Les autre hydracides ont été nommés d'une façon analogue.

Passons à la seconde catégorie de composés binaires, les *bases*.

Si l'on en excepte le *gaz ammoniac,* qui est une base composée d'*azote* et d'*hydrogène,* les autres sont formées, de même que les oxacides, d'*oxygène* combiné avec un autre corps simple. Le système de nomenclature leur donne d'une façon générale le nom d'*oxydes*. Mais ce nom n'est pas exclusivement réservé aux composés binaires de l'oxygène qui sont des *bases*. On l'emploie aussi pour désigner les composés binaires oxygénés qui, n'étant ni acides ni basiques, sont *neutres*.

Le nom d'*oxyde* appliqué à un composé binaire indique donc seulement un composé oxygéné qui n'est pas acide; mais il ne désigne pas s'il est basique ou neutre.

1er exemple. — L'*oxygène* et le *carbone* forment un composé acide, dont il a été parlé ci-dessus; c'est l'acide carbonique. Mais ils forment en outre un deuxième composé moitié moins riche en oxygène; il n'est ni acide ni basique, c'est un oxyde neutre; on le nomme *oxyde de carbone*.

2e exemple. — L'*oxygène* forme avec le *potassium* deux composés binaires. L'un renferme moitié moins d'oxygène que l'autre; mais il est basique, tandis que l'autre est un oxyde neutre. Le premier, le moins riche en oxygène, a le nom vulgaire de *potasse;* dans le système de nomenclature c'est un *protoxyde de potassium* (du mot grec *protos,* premier). L'autre oxyde, l'oxyde neutre, est un *bioxyde de potassium* (du latin *bis,* deux fois); on dit aussi quelquefois *deutoxyde* (du grec *deuteros,* deuxième).

3e exemple. — L'*oxygène* forme avec le *fer* quatre composés binaires. Le moins oxygéné se nomme le *protoxyde de fer;* le second, qui renferme une fois et demie autant d'oxygène, se nomme le *sesquioxyde de fer* (du latin *sesqui,* signifiant un et demi, et du grec *oxus,* acide). Tous les deux sont basiques; il existe des sels de protoxyde et des sels de sesquioxyde de fer. Un troisième composé binaire oxygéné du fer contient trois fois autant d'oxygène que de protoxyde, mais il est acide; on l'appelle l'*acide ferrique.* Enfin le plus riche des oxydes de fer possède une fois et un tiers autant d'oxygène que le protoxyde; il est neutre, on le nomme *peroxyde de fer;* c'est l'oxyde de fer magnétique, la pierre d'aimant.

Il est d'autres composés binaires dans lesquels il n'entre pas d'oxygène. Ils résultent simplement de l'union chimique d'un corps simple avec un autre. Leur nom rappelle en même temps les deux corps dont ils sont formés. Ils se composent d'un nom terminé en *ure* et dérivé de celui de l'un des corps simples, puis du nom de l'autre corps simple joint au nom en *ure* par la préposition *de*. Ainsi le *sel commun* ou *sel marin* est une combinaison binaire de *chlore* et de *sodium;* on le nomme un *chlorure de sodium*. Le corps rouge et pesant que l'on trouve dans le sol de certains pays et que l'on nomme le *cinabre* est un *sulfure de mercure* (composé de *soufre* et de *mercure*). L'*orpiment* ou *orpin* et le *réalgar* sont l'un et l'autre composés de *soufre* et d'*arsenic*. Le premier est jaune et le second est rouge. L'un et l'autre reçoivent le nom de *sulfure d'arsenic*. L'orpiment s'appelle souvent *sulfure jaune*, et le réalgar, *sulfure rouge d'arsenic*. Mais si l'on s'astreint plus rigoureusement aux coutumes de la nomenclature, l'orpiment, qui renferme trois fois autant de soufre que le réalgar, sera un *bisulfure d'arsenic*, et le réalgar, un *protosulfure*.

Par une exception que l'usage a consacrée, les combinaisons des métaux entre eux, depuis longtemps nommées *alliages*, continuent à porter ce nom, sans se conformer autrement aux conventions du système de Guyton-Morveau et Lavoisier. Ainsi le *bronze* est composé de *cuivre* et d'*étain;* mais on lui laisse sa dénomination de *bronze;* on ne l'a jamais nommé du *cuprure d'étain* ou du *stannure de cuivre*. Ce sont là en chimie de véritables barbarismes. Les combinaisons du mercure avec un autre métal portent le nom spécial d'*amalgames*. Le *tain des glaces*, qui étendu en lame mince sur une des faces du verre d'une glace lui fournit la surface réfléchissante ou miroitante, est un *amalgame d'étain*, c'est-à-dire un composé de *mercure* et *d'étain*.

§ 5. — LES NOMS DES SELS

Pour dénommer les sels, on est parti de cette idée que les sels sont formés par la combinaison d'un acide et d'une base. Le nom du sel a été formé d'un nom tiré de l'adjectif de l'acide, uni au nom de la base par la préposition *de*. Ainsi la pierre à bâtir est composée d'*acide carbonique* et de *chaux* ou *oxyde de calcium;* on l'appelle un *carbonate de chaux* (il serait plus régulier de dire : *carbonate d'oxyde de calcium;* mais c'est un peu long).

Lorsque l'acide qui forme le sel fait partie d'une série de composés multiples d'un même corps simple avec l'oxygène, il faut que le nom du sel indique quel est l'acide d'où il dérive. Ainsi nous avons vu que le soufre donne, avec l'oxygène, quatre acides : *ac. sulfurique, ac. hyposulfurique, ac. sulfureux, ac. hyposulfureux.* On est convenu de terminer en *ate* tout nom de sel dérivé d'un acide en *ique,* de terminer en *ite* tout nom de sel dérivé d'un acide en *eux.* Que sera donc l'*hyposulfite de soude?* Un sel formé de la combinaison de l'*acide hyposulfureux* avec la *soude.* Le plâtre est un *sulfate de chaux;* cela veut dire que c'est un sel composé d'*acide sulfurique* et de *chaux.*

La *couperose verte,* nommée aussi *vitriol vert,* est composée d'*acide sulfurique* et de *protoxyde de fer.* C'est donc véritablement un *sulfate de protoxyde de fer.* Ce nom un peu compliqué s'abrège dans le langage courant. On dit *sulfate de fer,* et, si l'on veut préciser davantage en rappelant le degré d'oxydation de la base, on dit *protosulfate de fer.*

On nomme *sels doubles* des sels constitués par l'union

chimique de deux bases avec un même acide. Ainsi l'*alun* ordinaire est un composé d'*acide sulfurique*, de *potasse* (oxyde de potassium) et d'*alumine* (oxyde d'aluminium). C'est un *sulfate double d'alumine et de potasse*.

Certains sels se présentent dans la nature avec un excès d'acide ou de base. On désigne cette particularité de composition en ajoutant au nom du sel les mots *acide* ou *basique*. Ainsi le *sulfate acide de mercure* est formé de sulfate de mercure uni à une quantité excédante d'acide sulfate de mercure. Le sel calcaire que l'on obtient en calcinant des os à l'air libre est un *phosphate basique de chaux*. Cela veut dire qu'il consiste dans l'union du *phosphate de chaux* (acide phosphorique et chaux) avec une quantité excédante de *chaux*, c'est-à-dire de base.

§ 6. — LES DEUX CATÉGORIES DE CORPS SIMPLES

Il a été dit précédemment que les chimistes, ne possédant aucun moyen de décomposer certains corps, les regardent comme des *corps simples*, et qu'ils en connaissent environ soixante-dix. Les corps simples sont loin d'être semblables entre eux. Les uns sont solides à la température ordinaire; d'autres sont gazeux; quelques-uns sont liquides. Les uns sont colorés, d'autres noirs ou incolores. Les uns sont très pesants; d'autres le sont beaucoup moins; d'autres sont extrêmement légers. Il y a donc entre eux de grandes différences. Néanmoins, dans cette série de soixante-dix corps indécomposables, on a coutume de distinguer, au moins par deux noms généraux, deux groupes ou catégories de corps simples. Je vais essayer de faire comprendre ce groupement.

Commençons par dresser une liste des corps simples les

plus connus en les citant provisoirement par ordre alphabétique :

Argent,	Or,
Carbone,	Phosphore,
Cuivre,	Plomb,
Étain,	Soufre,
Fer,	Zinc,
Mercure,	

A cette première liste j'ajoute les quatre gaz simples :

Azote,	Hydrogène,
Chlore,	Oxygène.

En jetant les yeux sur cette double liste, comprenant en tout quinze corps simples vulgaires ou tout au moins assez connus de nom, on groupe immédiatement ensemble sous le nom commun de *métaux :*

L'argent,	L'or,
Le cuivre,	Le plomb,
L'étain,	Le zinc.
Le fer,	

Bien que liquide à la température ordinaire, le mercure prend tout naturellement place dans ce même groupe.

Au contraire, personne ne se déciderait à y comprendre le soufre, le carbone. Ils ne répondent en rien à l'idée qu'éveille en nous le mot *métal,* parce qu'en réalité ils diffèrent presque à tous égards des métaux-types, le fer, le cuivre, le plomb, l'étain, l'argent et l'or. Cette division toute naturelle en *corps simples métalliques* et *corps simples non métalliques* est passée dans les habitudes des chimistes, non seulement parce que les deux groupes de corps simples offrent des différences extérieures, mais surtout parce qu'ils offrent également des différences au point de vue chimique. Je citerai seulement le contraste le plus remarquable.

Les acides énergiques qui, en se combinant avec diverses bases, donnent naissance aux grands genres de sels, sont des composés des corps simples non métalliques entre eux. Les combinaisons des métaux avec l'oxygène donnent un très petit nombre d'acides, et ce sont généralement des acides faibles, produisant à peine quelques combinaisons comparables aux sels.

Au contraire, les bases énergiques, formant avec les acides forts les sels les moins faciles à décomposer, sont toutes des combinaisons binaires d'un métal avec l'oxygène. Le gaz ammoniac est la seule base formée de la combinaison de deux corps simples non métalliques (gaz azote et gaz hydrogène).

Il est donc d'usage de diviser la série des corps simples (environ soixante-dix) en deux groupes : 1° *corps simples non métalliques*, habituellement appelés *métalloïdes ;* 2° *corps simples métalliques* ou *métaux*.

1° Le groupe des *métalloïdes* comprend une quinzaine de corps, parmi lesquels il faut citer les quatre gaz simples.

L'oxygène, L'hydrogène,
L'azote, Le chlore;

un corps liquide,

Le brome;

dix corps solides, dont les plus importants sont :

Le carbone, L'arsenic,
Le soufre, Le bore,
Le phosphore, Le silicium.
L'iode,

2° Le groupe des *métaux* ne comprend aucun corps gazeux, mais un seul liquide :

Le mercure.

Les autres métaux simples, au nombre d'environ cinquante-quatre ou cinquante-cinq, sont solides à la température ordinaire. Les plus importants sont :

Le potassium,	Le plomb,
Le sodium,	L'étain,
Le barium,	Le zinc,
Le calcium,	Le mercure,
Le magnésium,	L'argent,
L'aluminium,	Le platine,
Le fer,	L'or.
Le cuivre,	

On s'étonnera sans doute de voir figurer d'abord, dans cette liste, six noms peu connus du vulgaire et pourvus d'une terminaison latine. En voici la raison. Il est vrai que ces métaux ne se rencontrent pas communément et sont de découverte récente; mais les corps vulgaires d'où ils tirent leurs noms sont les oxydes basiques fort importants et fort communs qui en dérivent. Ces bases, généralement énergiques, se retrouvent dans les sels les plus importants; ce sont la *potasse*, la *soude*, la *baryte*, la *chaux*, la *magnésie*, l'*alumine*; ce que l'on a longtemps appelé des *alcalis* (potasse, soude) et des *terres* (chaux, baryte, magnésie, alumine). Ces deux termes généraux s'emploient encore assez souvent.

CHAPITRE IV

L'AIR ATMOSPHÉRIQUE ET LA COMBUSTION

§ 1. — LAVOISIER A PROUVÉ QUE L'AIR EST UN MÉLANGE DE DEUX GAZ DISTINCTS

Lavoisier est un chimiste français illustré par de grandes découvertes et qui a, plus qu'aucun autre, provoqué les merveilleux progrès par lesquels la chimie s'est signalée depuis la fin du XVIIIe siècle. Il naquit à Paris, le 16 août 1743, d'une famille de riches commerçants. Les études et les expériences de physique et de chimie firent la passion de sa vie. Dès l'âge de vingt ans il s'y adonna avec une ténacité indomptable, et il y montra les qualités d'un homme de génie. Pour ajouter aux ressources de sa fortune personnelle des revenus qui lui permissent de subvenir aux dépenses de ses recherches scientifiques, à vingt-six ans il rechercha et obtint une charge de fermier général. A cinquante et un ans (1794) il périt, avec plusieurs de ses collègues, en exécution d'une sentence du tribunal révolutionnaire.

Ce grand chimiste découvrit, par une expérience célèbre exécutée en 1777, que l'air dans lequel nous vivons est un mélange de deux *airs* ou *gaz*, distingués par des propriétés très différentes. C'est là un événement considérable dans l'histoire des sciences. Il importe d'en connaître les principales circonstances.

Lavoisier prépara un appareil fermé, dont on voit ci-dessous une figure. Il y introduisit environ 120 grammes de mercure et 1 litre d'air ordinaire. A l'aide du fourneau disposé sous

Fig. 1. — Appareil dont s'est servi Lavoisier, en 1777, pour séparer les deux gaz dont le mélange forme l'air ordinaire.

le ballon de verre, il fit bouillir le mercure pendant douze jours et douze nuits sans interruption. Du deuxième au sixième jour le mercure bouillant se couvrit peu à peu de parcelles rouges. Lavoisier connaissait bien la nature de ces parcelles; c'est du *bioxyde de mercure,* que l'on nommait alors de la *chaux de mercure.* On savait que le mercure calciné produit ce corps rouge; on savait même que le mercure calciné pèse plus qu'avant la calcination. Mais il reconnut en outre, dans son expérience de 1777, que l'appareil contenait seulement, après l'opération, 80 centilitres d'air au lieu de 1 litre. Le mercure, en bouillant, avait absorbé 20 centilitres de l'air enfermé avec lui. Il constata en outre que l'air ou gaz restant n'avait plus les propriétés de l'air ordinaire. Les petits animaux (souris, petits oiseaux) y périssaient asphyxiés; les lumières s'y éteignaient sur-le-champ.

Lavoisier conclut de cette expérience que l'air atmosphérique, au lieu d'être un gaz indécomposable, renfermait en réalité deux gaz distincts. L'un, celui qui restait dans l'appareil, a pour caractères de ne pas entretenir la respiration et de ne pas faire brûler les corps en combustion. L'autre avait pour premier caractère d'être absorbable par le mercure et de former avec lui un *bioxyde*.

Mais Lavoisier voulut le mieux connaître. Il recueillit les parcelles rouges de bioxyde de mercure, les chauffa dans une cornue de verre pour les décomposer, et il recueillit le gaz absorbé (environ 20 centilitres). Ce gaz, tout contrairement au premier, fait brûler avec une grande vivacité les lumières que l'on y plonge. Il entretient fort bien la respiration des animaux.

Enfin, en mêlant ces deux gaz, que l'expérience ci-dessus séparait l'un de l'autre, on obtint un gaz absolument semblable, par toutes ses propriétés, à l'air ordinaire qui forme notre atmosphère.

Ces deux gaz portent aujourd'hui deux noms devenus presque vulgaires.

Celui qui est irrespirable pour les animaux, et dans lequel les lumières cessent de brûler, s'appelle l'*azote*. L'autre, qui entretient la respiration des animaux et dans lequel les lumières brûlent avec vivacité, se nomme l'*oxygène*.

L'air ordinaire est donc un mélange de gaz oxygène et de gaz azote. C'est la découverte capitale de Lavoisier. Elle a changé la face des connaissances chimiques que l'on possédait alors.

§ 2. — L'OXYGÈNE

Lorsqu'on a isolé et recueilli l'*oxygène* dans une éprouvette, il se présente aux yeux absolument comme l'air lui-même. C'est un gaz non coloré; il n'éveille en nous aucune sensation de saveur ni d'odeur, parce que nous en avons continuellement dans la bouche et dans les fosses nasales, sous la forme d'air atmosphérique. Il est un peu plus lourd que l'air; quand 1 litre d'air pèse 1 gr. 293, le litre d'oxygène pèse 1 gr. 430. On a pu à l'aide d'une compression extrêmement forte amener ce gaz à l'état liquide.

Pour dissoudre 1 litre d'oxygène, il faut près de 22 litres

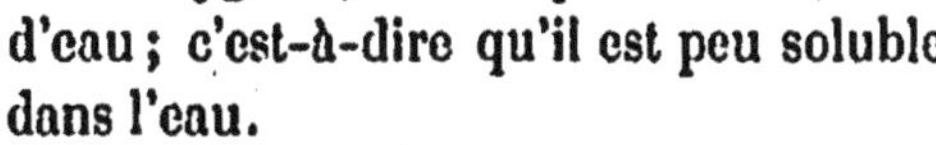

d'eau; c'est-à-dire qu'il est peu soluble dans l'eau.

Fig. 2.
Aspect d'une éprouvette remplie d'un gaz isolé, de gaz oxygène, par exemple.

Ce qui distingue surtout ce gaz simple, c'est son rôle dans la *combustion*, dans la *respiration* et dans l'*oxydation des métaux*. Lavoisier a particulièrement étudié et fait connaître ces faits et démontré leurs analogies. Nous y insisterons, comme ils le méritent, dans trois paragraphes spéciaux.

La découverte de ce gaz important a été faite vers la même époque par l'Anglais Priestley et par le Suédois Scheele; mais elle avait été préparée par les recherches de divers chimistes plus d'un siècle auparavant.

Priestley était né en 1733 à Fuldhead, près de Leeds (comté d'York), en Angleterre; il mourut en Amérique dans l'année 1804. C'est le 1er août 1774 qu'il obtint pour la première fois l'oxygène isolé de tout autre corps. Pour se le procurer, il décomposa le bioxyde de mercure (le corps rouge dont nous venons de parler) en le chauffant dans une cornue en verre.

La même année, sans connaître l'expérience de Priestley, Scheele faisait la même découverte par un moyen différent. Scheele était né en 1742 à Stralsund, dans la partie septentrionale de la Poméranie, qui appartenait alors à la Suède. (Stralsund est aujourd'hui une ville prussienne.) Il passa d'ailleurs sa vie en Suède, et il y mourut à Kœping, en 1786.

C'était un modeste pharmacien de petite ville, mais un chimiste éminent; au lieu de décomposer le bioxyde de mercure comme Priestley, le chimiste suédois employa un corps composé analogue, que nous nommons aujourd'hui le *bioxyde de manganèse*. C'est une poudre noire que l'on

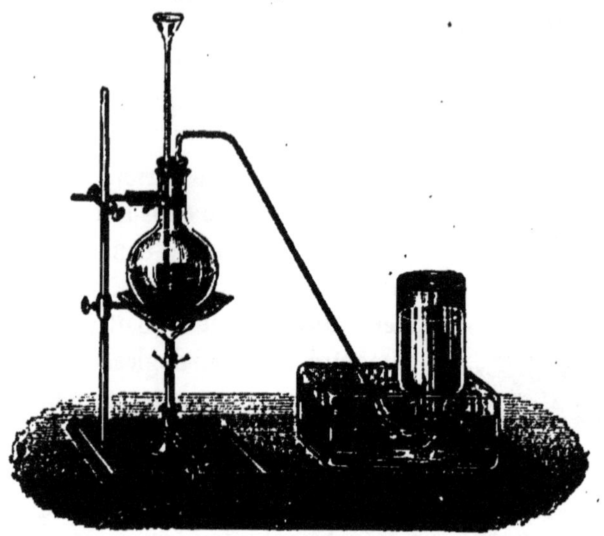

Fig. 8. — Appareil dans lequel on prépare le gaz oxygène avec du bioxyde de manganèse et de l'acide sulfurique.

trouve assez communément dans le sein de la terre. Nous savons aujourd'hui que c'est un composé d'oxygène et d'un métal particulier appelé *manganèse;* voilà pourquoi on le nomme *bioxyde de manganèse*.

Scheele décomposa ce bioxyde dans un ballon de verre ou matras, où il le chauffa avec de l'*huile de vitriol* ou *acide sulfurique*. Le bioxyde de manganèse, en se décomposant, laisse dégager une partie de l'oxygène qu'il possédait; il se réduit ainsi à l'état de protoxyde de manganèse, s'unit à l'acide sulfurique et produit un nouveau composé, le *sulfate de protoxyde de manganèse*.

Le chimiste français Berthollet, né en 1748 à Talloire,

en Savoie, mort en 1822, a découvert, en 1786, un sel cristallisé en lames incolores et très brillantes que l'on nomme aujourd'hui *chlorate de potasse.* Ce nom, comme nous l'avons appris plus haut, indique un *sel* résultant de la combinaison d'un acide appelé *acide chlorique* avec une

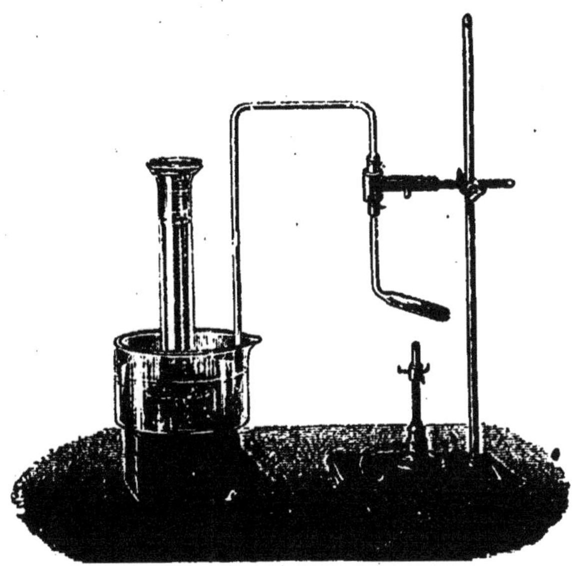

Fig. 4. — Appareil que l'on emploie pour préparer le gaz oxygène avec le chlorate de potasse.

base nommée *potasse.* L'*acide chlorique* (son nom l'indique) est un composé binaire de *chlore* et d'*oxygène;* la *potasse* est en réalité un *protoxyde de potassium,* c'est-à-dire un composé binaire de *potassium* (métal de la potasse) et d'*oxygène.*

Le *chlorate de potasse* renferme donc trois corps simples différents : *chlore, potassium* et *oxygène;* celui-ci est contenu à la fois dans l'acide et dans la base.

Si l'on chauffe modérément du *chlorate de potasse* dans un vase de verre, il se dégage, et l'on peut recueillir tout l'oxygène contenu dans ce sel. Il reste dans le vase de verre, après l'opération, un nouveau corps solide composé de *chlore* et de *potassium;* on le nomme *chlorure de potassium.*

§ 3. — LA COMBUSTION

Voilà donc trois moyens de se procurer du gaz oxygène.

Le *feu* est le phénomène que nous présente un corps qui *brûle.* La *combustion* est l'état d'un corps qui brûle. Ce mot vient du latin; voici pourquoi. Pendant longtemps les savants des diverses contrées de l'Europe ont employé le latin pour expliquer leurs idées dans une langue comprise de tous, quelle que fût leur patrie. Or en latin, au lieu de *brûler,* on dit *comburere;* de ce mot on a fait *combustio,* qui signifie l'état d'un corps qui brûle. Le mot latin est devenu *combustion* en français, et il a gardé son sens primitif. La langue française a tiré de la même origine les mots *combustible,* qui signifie *propre à brûler,* et *comburant, capable de provoquer la combustion,* de faire brûler.

Si l'on prend dans un fourneau allumé un morceau de charbon de bois incandescent et qu'on le fixe dans l'extrémité d'un fil de fer contourné en spirale, ce charbon s'éteindra bientôt dans l'air ordinaire. Il en sera tout autrement si on le plonge dans un flacon plein d'oxygène. Dans ce gaz, le charbon incandescent pétille, jette une flamme qui s'accroît peu à peu, jusqu'au moment où elle s'affaiblit de plus en plus et finit par s'éteindre. Dès ce moment, aucun fragment de corps combustible ne brûle plus dans le flacon où le charbon a brûlé. Si l'on y plongeait un petit animal, il ne tarderait pas à y être suffoqué. Enfin, si dans ce flacon on verse de la teinture de tournesol, elle y passe aussitôt du bleu au rouge vineux; si l'on y verse de l'eau de chaux, elle se trouble et devient laiteuse.

La combustion du *charbon* dans l'*oxygène* a donc détruit l'oxygène du flacon. Elle a produit, à sa place, un gaz impropre à entretenir la combustion ou la respiration des animaux; acide faible, troublant l'eau de chaux parce qu'il y fait naître un précipité blanc. Ce gaz acide est composé de *carbone* et d'*oxygène;* on le nomme *acide carbonique.*

La combustion du *charbon* dans l'*oxygène* a donc consisté en ceci : le *carbone* chauffé au rouge, mis en présence de l'*oxygène,* s'est uni à lui en dégageant de la chaleur et de la lumière. Il s'est ainsi formé de l'*acide carbonique,* qui peu à peu a remplacé l'oxygène. Quand celui-ci est venu à manquer, le charbon s'est éteint, parce que la combinaison cessait de se faire. Quant à l'*acide carbonique* qui a pris naissance, il est composé de *charbon* ou *carbone* et d'*oxygène.*

On peut faire une expérience semblable sur un fragment de *soufre.* On le place dans une petite capsule en terre que l'on suspend à l'extrémité d'un fil de fer. On allume le soufre et on plonge le tout dans un flacon d'oxygène pur. Aussitôt le soufre, qui brûlait avec une faible flamme bleue, étincelle comme une étoile d'un blanc bleuâtre. Des vapeurs grisâtres s'agitent dans le flacon. Une odeur vive et suffocante (celle des allumettes qui commencent à brûler) se dégage du flacon. Puis tout s'éteint peu à peu. L'oxygène a été remplacé par un gaz à odeur piquante, provoquant des accès de toux; ce gaz rougit la teinture de tournesol; c'est de l'*acide sulfureux.* Ce nom seul indique qu'il est formé de *soufre* et d'*oxygène.*

Comme la combustion du carbone, celle du *soufre* dans l'*oyygène* a donc consisté dans une combinaison du *soufre* et de l'*oxygène,* avec dégagement de chaleur et de lumière.

En opérant de la même manière, on constatera qu'un fragment de *phosphore,* plongé dans un flacon d'*oxygène* pur, y brûle avec intensité. L'expérience est la même. A peine entré dans le flacon, le *phosphore,* qui brûlait avec une flamme légère, jette un éclat étincelant que l'œil peut à peine supporter. Tout le flacon est lumineux, et en même temps des flocons d'un beau blanc de neige s'y développent, y tourbillonnent et le remplissent bientôt complètement. Une fine poudre blanche se dépose sur les parois du flacon, à mesure qu'il refroidit, après que le phosphore s'est éteint. Cette poudre blanche se dissout rapidement dans l'eau,

Fig. 5. — Combustion du soufre dans le gaz oxygène.

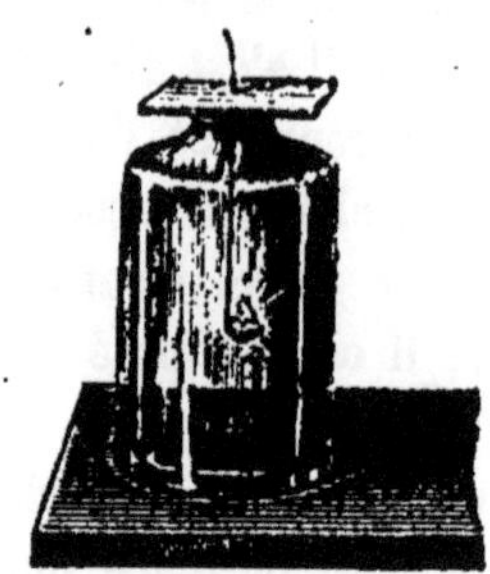

Fig. 6. — Combustion du phosphore dans le gaz oxygène.

et le liquide ainsi formé fait passer la teinture bleue de tournesol au rouge pelure d'oignon.

La poudre blanche qui s'est produite dans la combustion décrite ci-dessus est de l'*acide phosphorique*. C'est, comme ce nom l'indique, un composé de *phosphore* et d'*oxygène*. Il est donc clair que la combustion du *phosphore* dans l'*oxygène* est une combinaison de ces deux corps, avec dégagement de chaleur et de lumière.

Nous allons voir maintenant brûler, dans l'oxygène pur, des métaux dont plusieurs ne brûleraient pas dans l'air ordinaire.

Parlons d'abord du *fer*. On prend une spirale formée d'un fin ruban d'acier (*fer* combiné avec une faible quantité de carbone). On adapte à une extrémité un morceau d'amadou qu'on allume, et l'on plonge le tout dans un flacon d'*oxygène* pur. L'amadou brûle vivement, le fer

4

s'échauffe; il ne tarde pas à étinceler en lançant dans tous les sens des parcelles incandescentes. A l'extrémité du ruban d'acier se suspendent des gouttes de fer fondu qui tombent successivement. Une fine poussière roussâtre obscurcit bientôt le flacon. Enfin la combustion s'arrête, parce que l'oxygène est épuisé. Le corps rougeâtre qui s'est montré est un *peroxyde de fer,* c'est-à-dire un composé de *fer* et d'*oxygène.*

Fig. 7. — Combustion du fer dans le gaz oxygène.

La combustion, dans ce cas, consiste encore en une combinaison du *fer* avec l'*oxygène.* Cette combinaison a été accompagnée de production de chaleur et de lumière.

De la même manière brûlerait dans l'*oxygène* pur un fil de *cuivre.* Il se produirait une flamme verte, et on trouverait, comme résultat de cette combustion, du *bioxyde* ou *oxyde noir de cuivre.* Le *cuivre* et l'*oxygène* se sont combinés.

Le *zinc* brûle de même dans l'*oxygène* et donne de l'*oxyde de zinc,* composé binaire de *zinc* et d'*oxygène.*

Jusqu'ici nous n'avons vu brûler dans l'oxygène que des corps solides. Il est facile de citer des exemples de liquides et même de gaz *combustibles.*

Chacun sait avec quelle facilité brûlent l'*éther sulfurique,* l'*alcool,* l'*essence de térébenthine,* le *pétrole.* Tous ces liquides sont composés de *carbone* et d'un gaz nommé *hydrogène,* que nous apprendrons à connaître en étudiant la nature chimique de l'eau. Quelques-uns possèdent en outre une certaine quantité d'*oxygène.* L'*alcool* contient ces trois corps simples (carbone, hydrogène et oxygène), aussi bien que l'*éther sulfurique;* l'*essence de térébenthine,* le *pétrole,* renferment seulement du *carbone* et de l'*hydrogène.* Ces liquides, en brûlant, produisent, les uns comme les autres, de l'*acide carbonique* et de l'*eau* à l'état de vapeur. Leur combustion n'est, au fond, qu'une double combinaison de l'*oxygène* de l'air avec le *carbone* et avec l'*hydrogène* dont ils sont formés. La combinaison a lieu à une haute température et avec développement de flamme.

Quant à la combustion des gaz, on peut voir chaque jour le *gaz d'éclairage* brûler dans l'air. Il brûlerait plus vivement encore dans l'oxygène pur. Cette combustion produit encore de l'*acide carbonique* et de l'*eau;* car le *gaz d'éclairage* est, aussi bien que l'*essence de térébenthine* et le *pétrole,* un composé de *carbone* et d'*hydrogène.*

On conclut de ces faits, et de beaucoup d'autres du même genre, que toutes les fois qu'un corps brûle, il y a combinaison chimique, avec production de chaleur et de lumière.

§ 4. — L'OXYDATION DES MÉTAUX

Il y a bien longtemps que l'on s'est aperçu d'une grande différence naturelle entre les divers métaux. Les uns, et en particulier l'or et l'argent, ne s'altèrent pas à l'air. Mais les autres s'y altèrent, au contraire, plus ou moins rapidement.

Abandonne-t-on à l'air ordinaire, qui est toujours plus ou moins humide, un morceau de fer bien net et bien poli, il ne tarde pas à se *rouiller*. Qu'est-ce que cela veut dire? A sa surface apparaissent d'abord de petites taches rouges qui peu à peu s'étendent, se rejoignent entre elles et recouvrent tout le corps métallique. Lorsque le fer continue longtemps à se rouiller, il s'altère de plus en plus profondément. La rouille forme à sa surface une couche qui s'en va en poussière dès qu'on la touche. Le morceau de fer se ronge ainsi peu à peu et finit par s'amoindrir ou même se détruire complètement. C'est ainsi que tous les instruments antiques en fer que nous retrouvons sont absolument défigurés par la rouille. Un très grand nombre certainement se sont entièrement consumés de cette façon.

Les chimistes ont cherché comment se produit cette altération si fâcheuse du fer sous l'action de l'air. Ils ont reconnu que *le fer qui se rouille*, en réalité, *brûle lentement à l'oxygène de l'air*. En recueillant la rouille et en la décomposant, ils se sont convaincus que cette poussière rouge est formée de *fer* et d'*oxygène;* comme l'air renferme de l'oxygène, c'est lui qui s'est attaqué au fer et s'est lentement combiné avec ce métal.

Mais en somme, dans l'un comme dans l'autre cas, le *fer* s'est uni avec l'*oxygène*. On a donc pu dire que dans un cas il y a eu une *combustion vive;* dans l'autre, une *combustion lente*. Dans les deux cas il s'est produit une *oxydation* du fer.

Le *cuivre* exposé à l'air s'y couvre peu à peu d'une couche de *vert-de-gris*. C'est une action chimique du même genre. Il se fait une combustion lente, une *oxydation* du cuivre qui se transforme, parce qu'il absorbe l'oxygène de l'air, en un oxyde appelé *protoxyde de cuivre*. Rappelons qu'en brûlant à chaud et vivement dans l'oxygène, le cuivre forme du *bioxyde de cuivre*, qui renferme le double d'oxygène.

Le *zinc* s'altère d'une façon analogue sous l'influence de l'air atmosphérique. Il se couvre peu à peu d'une couche blanche qui est de l'oxyde de zinc. C'est encore une combustion lente, une *oxydation* d'un métal sans production de lumière.

D'autres métaux s'altèrent peu ou point à la température de l'air extérieur, *à froid*, comme on dit ordinairement; mais s'oxydent, sans flamme et sans rougir, lorsqu'on les chauffe.

Placez dans un têt en terre un morceau de *plomb*, et mettez le tout sur le feu. Le métal fond bientôt, et, si l'on continue à le chauffer, il apparaît sur le ploub fondu un corps jaune, que l'on nomme *massicot;* c'est un *oxyde de plomb.* C'est encore une combustion lente, mais à une température plus haute que celle de l'air. L'*étain* s'oxyde de même. Si on le chauffe de la façon qui vient d'être indiquée pour le plomb, l'étain fond, puis il se couvre d'une couche grise et se transforme peu à peu en *potée d'étain*, c'est-à-dire en un oxyde d'étain auquel les industriels ont depuis longtemps donné ce nom vulgaire.

Les métaux ont donc une tendance à se combiner avec l'oxygène; cette combinaison se nomme *oxydation des métaux.*

§ 5. — LA RESPIRATION DES ANIMAUX

Chacun sait que, pour vivre, l'homme et les animaux ont absolument besoin d'air. De plus, l'air où ils respirent ne peut leur suffire que s'il est renouvelé. Lorsqu'on place un animal dans un espace formé de façon à ce que le renouvellement de l'air soit impossible, l'animal ne tarde pas à y éprouver un malaise, puis il s'évanouit et enfin il périt. Tout autre animal que l'on mettra dans le même espace, sans en avoir renouvelé l'air, périra de même. En un mot, les animaux ont besoin, pour vivre, d'un air toujours renouvelé, parce qu'ils altèrent, ils vicient l'air qui les entoure en le respirant. L'homme est, sur ce point, absolument semblable aux animaux. Lavoisier a, le premier, donné une explication claire de ces faits.

Il est démontré que, dans la respiration, l'air de l'atmosphère se trouve en présence de la matière même du corps des animaux, et particulièrement du sang, qui forme cette matière. Or la matière animale, quelle qu'elle soit, se compose de quatre corps simples au plus : le *carbone*, l'*hydro-*

gène, l'*oxygène* et l'*azote*. De ces quatre corps simples, deux seulement sont *combustibles*, le *carbone* et l'*hydrogène*. Le premier, nous le savons, produit en brûlant de l'*acide carbonique*. Le second produit de l'*eau* à l'état de vapeur.

Nous savons que l'air est un mélange de deux gaz : l'un qui entretient la combustion, c'est l'*oxygène;* l'autre qui n'entretient pas la combustion et qui n'est pas combustible, c'est l'*azote*. La respiration met donc en présence : d'une part le sang, dont le *carbone* et l'*hydrogène* sont les éléments combustibles; d'une autre part l'air atmosphérique, qui contient l'*oxygène* comme élément comburant. Que se produit-il? En étudiant la composition de l'air expiré par un homme ou par un animal, on reconnaît que : 1° l'air expiré est beaucoup plus humide que l'air atmosphérique; 2° il renferme une quantité d'acide carbonique que celui-ci ne contient pas; 3° il est beaucoup plus chaud que l'air extérieur; 4° il renferme beaucoup moins d'oxygène.

La respiration a donc consommé une partie notable de l'*oxygène* de l'air. Elle a produit en échange de la vapeur d'*eau*, de l'*acide carbonique* et de la *chaleur*. La vapeur d'eau a pour origine la combustion de l'hydrogène du sang aux dépens d'une partie de l'oxygène de l'air. L'acide carbonique a pour origine la combustion du carbone du sang aux dépens d'une autre partie de l'oxygène de l'air. Cette double combustion n'est pas assez vive, assez rapide pour produire du feu; mais du moins elle donne de la chaleur, puisque l'air expiré est plus chaud que l'air extérieur.

Si l'air qui a servi à la respiration ne peut plus y servir de nouveau, c'est qu'il a perdu une partie de son oxygène et s'est chargé d'acide carbonique. Il perdu ainsi la plus grande partie de son pouvoir comburant, et il s'est vicié par le mélange d'un gaz impropre à produire la combustion. Pour continuer à respirer, l'animal a donc besoin d'un air pur; il faut remplacer l'air expiré par de l'air normal.

Il convient, en terminant, de répondre à une question qui se présente tout naturellement à l'esprit. Comment se fait-il que l'air de notre atmosphère ne s'altère pas par la respiration des hommes et de tous les animaux, qui, depuis bien des siècles et à tous moments, lui prennent de l'oxygène et y exhalent de l'acide carbonique? Je répondrai très brièvement à cette question. Les hommes et les animaux ne sont pas les seuls êtres vivants qui existent dans l'atmosphère. Avec eux y vivent les plantes. Or les parties vertes des plantes, avec l'aide de la lumière du soleil, absorbent et décomposent l'acide carbonique que l'air peut contenir; elles conservent en elles le carbone provenant de la décomposition, et elles rendent à l'air l'oxygène devenu libre. Ainsi se rétablit la composition normale de l'air atmosphérique. Mais il est bon de remarquer que, par ce phénomène, la vie des animaux se trouve liée à celle des plantes, et, de plus, le soleil, source de lumière sur la terre, assure l'entretien des deux catégories d'êtres vivants. C'est là une des plus belles vérités naturelles que les sciences aient fait connaître. Ce sont les études et les découvertes de Lavoisier qui l'ont révélée aux hommes.

§ 6. — L'AZOTE

En analysant l'air atmosphérique, Lavoisier, comme nous l'avons vu plus haut, y a trouvé, mélangé à l'*oxygène,* un autre gaz qu'il a nommé *azote* (nom tiré de deux mots grecs, et qui signifie impropre à entretenir la vie).

Ce nouveau gaz ne se distingue, à la vue, ni de l'air atmosphérique ni de l'oxygène. Il est, comme eux, dépourvu de toute coloration. Il n'a aucune saveur, aucune odeur particulière. Son poids est un peu moins fort que celui de l'air sous le même volume. Quand un litre d'air pèse 1 gramme 29 centigrammes, le litre d'azote pèse seulement 1 gramme 256 milligrammes. Pour dissoudre 1 litre d'azote, il faut 40 litres d'eau. L'azote est donc à peu près moitié moins soluble dans l'eau que l'oxygène, qui l'est déjà lui-même à très petite dose. Lorsqu'on le comprime à l'extrême, l'azote se liquéfie, comme l'oxygène.

L'azote ne brûle pas et ne fait pas brûler les corps que l'on y plonge enflammés ou incandescents; il les éteint. Les animaux ne peuvent y vivre; il n'entretient pas la respiration. C'est d'ailleurs un corps important par les composés qui en dérivent. On connaît parmi eux un acide énergique, l'*acide azotique*, qui est une combinaison d'oxygène et d'azote; une base énergique aussi, l'*ammoniaque*, composé d'azote et d'hydrogène. Enfin les matière animales ou végétales qui, outre le *carbone*, l'*hydrogène* et l'*oxygène*, renferment comme quatrième élément l'*azote*, ont des propriétés toutes particulières; si bien qu'en chimie on les désigne souvent sous le nom de *matières organiques azotées*, ou, par abréviation, matières azotées.

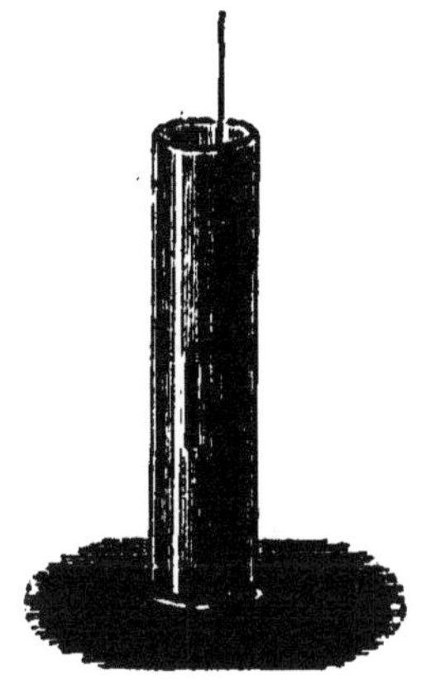

Fig. 8.
Une bougie allumée s'éteint dans le gaz azote.

Pour se procurer l'azote isolé, on l'emprunte toujours à l'air atmosphérique, qui est un mélange d'oxygène et d'azote. On absorbe l'oxygène au moyen d'un corps qui se combine avec lui. C'est par un procédé de ce genre que Lavoisier l'a découvert dans l'expérience célèbre qui a été racontée ci-dessus. Il avait absorbé l'oxygène de l'air au moyen du mercure chauffé jusqu'à bouillir; il avait eu pour résidu l'azote. Mais on se rappelle combien l'expérience fut longue.

On a donc recours à des corps qui s'emparent de l'oxygène plus promptement. Souvent on brûle sous une cloche placée sur la cuve à eau un fragment de phosphore, jusqu'à ce qu'il s'éteigne. On a ainsi un volume d'air enfermé sous la cloche.

Fig. 9. — Préparation du gaz azote par le phosphore brûlant dans l'air sous une cloche.

Le phosphore brûle en se combinant avec l'oxygène, et il ne s'éteint que lorsque tout l'oxygène a été absorbé par lui. L'acide phosphorique, formé dans la combustion, se dissout rapidement dans l'eau ; il reste sous la cloche de l'azote au lieu d'air. On sépare encore l'azote d'une certaine quantité d'air au moyen de fragments de *cuivre* sur lesquels on fait passer un courant d'air bien sec pendant qu'on les chauffe à la température rouge. Le cuivre ainsi chauffé s'oxyde, et l'azote ressort seul de l'appareil.

§ 7. — L'ATMOSPHÈRE

L'homme, les animaux et les plantes vivent, à la surface du globe terrestre, plongés dans un gaz que l'on nomme par excellence l'*air*. Ce gaz enveloppe toute la terre en forment une couche dont on estime que l'épaisseur est au moins de 60,000 mètres, c'est-à-dire de 60 kilomètres. Cette couche d'air est désignée sous le nom d'*atmosphère*, nom tiré des mots grecs *sphaira*, sphère ou boule, et *atmos*, vapeur ou gaz; il signifie donc globe ou sphère de gaz.

On peut considérer l'homme, les animaux et les plantes comme vivant au fond d'un océan d'air, ainsi que vivent sous un océan d'eau les êtres qui habitent le fond des mers. Si l'air est plus léger que l'eau, il est néanmoins pesant tout comme elle. C'est là une vérité dont les hommes ont longtemps douté. Un grand physicien italien du XVIe siècle, Galilée (né à Pavie en 1564, mort en 1642), a le premier démontré que l'air est pesant. En effet, on a constaté que (à la température de la glace fondante et lorsque le *baromètre* est à 760 millimètres) 1 litre d'air atmosphérique pèse 1 gr. 293.

On sait qu'un litre d'eau pèse 1 kilogr. ou 1,000 grammes; on voit donc que le litre d'air pèse environ 773 fois moins que le litre d'eau. On exprime cela en disant que le *poids spécifique* ou la *densité* de l'air est $\frac{1}{773}$ de celui de l'eau.

Puisque l'air est pesant aussi bien que l'eau, les couches d'air superposées se pressent les unes les autres, comme le font les couches d'eau. C'est ce qui engendre la *pression de l'air* ou *pression atmosphérique*. Au XVIIe siècle, un physicien italien, nommé Torricelli (né à Faënza en 1608), mort en 1647), a inventé un instrument, bien connu de tout le monde aujourd'hui, qui mesure la pression de l'air; c'est le *baromètre* (des mots grecs *baros*, poids, pression, et *metrein*, mesurer). Il se compose d'un tube en verre long de 90 à 95 centimètres, fermé à l'extrémité supérieure et plongeant par son extrémité inférieure ouverte dans une cuvette remplie de mercure. Le tube contient aussi du mercure jusqu'à une hauteur de 76 centimètres environ au-dessus du niveau du bain de mercure que renferme la cuvette. Au-dessus, le reste du tube, jusqu'à son sommet fermé, est vide de toute matière. La colonne de mercure contenue dans le tube y est enfermée sans que l'air extérieur presse sur elle en aucun point. Au contraire, le mercure que renferme la cuvette reçoit sur sa surface libre la pression de l'air. Il en résulte que la colonne de mercure qui s'élève dans le tube fait contrepoids à la pression de l'air sur le mercure de la cuvette. Habituellement la colonne de mercure du tube barométrique a son sommet à une hauteur de 76 centimètres au-dessus du niveau du mercure dans la cuvette. Mais quand l'air est calme et bien sec, il pèse davantage, et le mercure monte dans le tube; c'est un signe de beau temps. Le mercure baisse, au contraire, lorsque l'air est humide ou agité; c'est un signe de mauvais temps, de pluie ou de vent.

§ 8. — L'AIR ATMOSPHÉRIQUE

L'air de notre atmosphère offre, à très peu de chose près, partout la même composition. Il renferme, mélangés l'un à l'autre, deux gaz simples, l'*oxygène* et l'*azote*. Dans une quantité d'air qui pèse 100 grammes, il y a 23 grammes d'oxygène et 77 grammes d'azote; ce qui fait que dans un volume d'air de 1 litre on trouve 209 centimètres cubes d'oxygène et 792 centimètres cubes d'azote. Aussi a-t-on coutume de dire que 1 litre d'air contient 21 pour 100 d'oxygène et 79 pour 100 d'azote.

Il ne faut pas croire cependant que l'air de notre atmosphère ne renferme absolument que ces deux gaz simples. On y trouve en outre habituellement de la vapeur d'eau, dont la quantité varie beaucoup selon les saisons, selon les climats, selon les contrées. Abondante au voisinage des grandes masses d'eau, dans les contrées tempérées, surtout au printemps et à l'automne, elle devient plus rare dans les pays très chauds ou très froids et éloignés des grands amas d'eau.

Enfin l'air atmosphérique ordinaire contient une faible quantité d'*acide carbonique*. Elle varie de 3 à 4 dix-millièmes; c'est-à-dire que 1 litre d'air renferme seulement de 300 à 400 millimètres cubes de ce gaz.

L'atmosphère tient en suspension une grande quantité de menues poussières qui y voltigent sans cesse et que nos yeux ne discernent pas habituellement. Elles deviennent visibles dès qu'au milieu d'une pièce faiblement éclairée passe un rayon de soleil. Parmi ces poussières on reconnaît des débris très menus de plantes et d'animaux; mais on y a trouvé aussi beaucoup de germes de très petits êtres que le microscope, en les grossissant beaucoup, peut seul nous faire apercevoir.

Dès que l'air est confiné dans un espace clos, il a les plus grandes chances de s'altérer, de se *vicier*, comme on dit. La viciation de l'air se produit toujours lorsqu'un certain nombre d'hommes ou d'animaux sont enfermés dans un espace où l'air ne se renouvelle pas suffisamment. Elle ne tient pas seulement à la production de l'acide carbonique; elle résulte aussi de ce que chaque individu exhale des substances très subtiles, appelées *miasmes*, qui communiquent à l'air confiné une odeur souvent repoussante et des propriétés funestes à la santé. On a conservé le souvenir d'accidents terribles produits par l'air confiné. Ainsi, en 1750, un tribunal anglais siégeait dans une pièce d'une étendue insuffisante et qu'une seule fenêtre mettait en relation avec l'extérieur. Les juges et un grand nombre d'assistants périrent asphyxiés.

La ventilation d'une pièce est insuffisante quand chaque personne n'est pas assurée de disposer de 12,000 litres d'air nouveau par heure. La ventilation a besoin d'être d'autant plus active que l'on brûlera dans la pièce plus de combustibles et de matières destinées à l'éclairage. Dans nos demeures, la ventilation se fait en hiver par les jointures des portes et des fenêtres, et surtout par les cheminées. Les poêles sont insuffisants à cet égard; ils ne renouvellent l'air que d'une façon très incomplète.

CHAPITRE V

L'EAU ET SON RÔLE DANS LA NATURE

§ 1. — LA DÉCOUVERTE DE L'HYDROGÈNE

Au XVIIe siècle vivait un savant anglais dont le nom mérite d'être connu : il s'appelait Robert Boyle; c'était le septième fils de Richard Boyle, qui, par ses services publics et par ses talents reconnus, mérita d'être fait comte de Cork par un des souverains de l'Angleterre. Il sut en même temps acquérir à sa nombreuse famille une fortune considérable dont il fut fait le plus noble usage. Robert Boyle, dont le père était originaire de Cantorbéry (Angleterre), naquit à Lismore (Irlande) en 1626. Il profita de la grande fortune dont il hérita pour consacrer sa vie à des travaux d'expérimentation, et pour aider de ses deniers toutes les entreprises utiles aux progrès des sciences. En 1645 il fut l'un des principaux fondateurs du *Collège philosophique*, sorte d'académie scientifique qui s'est perpétuée jusqu'à nos jours sous le nom de *Société royale* de Londres, qui a jeté le plus vif éclat par les travaux de ses membres et par ses publications, et qui rivalise avec l'*Académie des sciences* de Paris. Robert Boyle a fait des expériences nombreuses et très instructives. Il mourut en 1691, laissant un nom justement célèbre et respecté.

Ce savant raconte dans ses œuvres une expérience qui aujourd'hui se fait constamment dans nos laboratoires de chimie, et qui était alors toute nouvelle. Il mit dans un ballon de verre de l'eau et de menus morceaux de fer. Il y versa de l'huile de vitriol, que j'ai déjà citée précédemment et que l'on nomme aujourd'hui *acide sulfurique*. De nombreuses bulles de gaz se formèrent à la surface des morceaux de fer. Pour ne pas les laisser échapper dans l'air, Robert Boyle renversa le ballon sur un vase rempli d'eau, de façon à y plonger le goulot. Le ballon, ainsi fermé et séparé de l'air extérieur, se remplit de gaz dégagé de l'eau au contact du fer et de l'acide sulfurique. Ce gaz, que Robert Boyle regarda comme de l'air et dont il n'essaya pas d'éprouver les propriétés, nous le connaissons bien aujourd'hui et nous l'appelons le gaz *hydrogène*.

Peu de temps après, le célèbre chimiste français Nicolas Lémery (né à Rouen en 1645, mort vers 1700) découvrit que ce gaz, obtenu en versant de l'huile de vitriol sur de l'eau et du fer, est remarquable par la propriété qu'il a de s'enflammer au contact d'un corps allumé et de brûler avec une flamme pâle et jaunâtre.

C'est seulement vers 1778 qu'un autre chimiste étudia complètement cet air inflammable. Ce chimiste était anglais, bien que né à Nice en 1731; il appartenait à la famille des ducs de Devonshire, et se nommait Henry Cavendish. Comme Robert Boyle, il consacra sa vie et sa fortune à la culture des sciences. Parmi ses meilleurs travaux figure l'étude du gaz qu'il appela *air inflammable*, et que Lavoisier nomma plus tard *hydrogène*. Cavendish est mort en 1810.

§ 2. — LES PROPRIÉTÉS DE L'HYDROGÈNE

L'hydrogène est encore, comme l'oxygène et l'azote, un gaz sans couleur, sans odeur et sans saveur. Il est remarquable par sa légèreté. Son poids spécifique, rapporté à celui de l'air, est 0,0692; d'où l'on peut calculer que, à la

Fig. 10. — Expérience où l'on fait passer le gaz hydrogène d'une éprouvette dans une autre.

température de 0° et sous une pression atmosphérique de 76 centimètres, 1 litre d'hydrogène pèse seulement 89 milligrammes. C'est un poids 14 fois moindre à peu près que celui de l'air. Il en résulte que l'on peut facilement faire passer le gaz hydrogène d'une éprouvette dans une autre, au milieu de l'air même. On place, comme l'indique la figure ci-dessus, l'éprouvette qui ne contient que de l'air au-dessus de l'ouverture de l'éprouvette à hydrogène. On penche celle-ci doucement, et, à cause de sa légèreté par rapport à l'air, le gaz hydrogène passe dans celle qui est placée le plus haut, et y remplace l'air dont elle était remplie.

A cause de cette légèreté même, Cavendish avait imaginé de réaliser, avec ce gaz, une expérience analogue à ce jeu des enfants qu'on appelle les *bulles de savon*. Il opérait avec une vessie munie d'un ajutage à robinet terminé par un tube effilé en pointe fine. Après avoir rempli la vessie d'hydrogène il fermait le robinet, puis avec la pointe effilée il recueillait un peu d'eau de savon. Rouvrant alors le robinet, il pressait doucement la vessie sous son bras. Le gaz hydrogène, en s'échappant par la pointe effilée, se trouvait retenu par l'eau de savon et gonflait des bulles que leur légèreté spécifique faisait monter dans l'atmosphère.

Le physicien Charles (né à Nancy en 1746, mort en 1823) se souvint peut-être de cette expérience quand il eut l'idée d'employer le gaz hydrogène pour gonfler les aérostats. C'était en 1783. Les frères Joseph et Étienne Montgolfier venaient d'exécuter les premiers essais des ballons gonflés d'air chaud, auxquels est resté le nom de *montgolfières*. Charles imagina de remplir le ballon d'un gaz qui, à la température ordinaire, fût beaucoup plus léger que l'air. L'hydrogène était tout naturellement indiqué. Le 26 août 1783, il lança au Champ-de-Mars à Paris le premier ballon rempli de gaz hydrogène. Ce procédé est resté dans les usages de l'aéronautique, particulièrement pour les ballons que l'on destine à s'élever très haut dans l'atmosphère.

Quoique beaucoup plus léger que l'oxygène et l'azote, l'hydrogène, lorsqu'on le soumet à une compression extrêmement forte, se liquéfie comme les autres gaz.

Nous avons déjà vu que la propriété saillante du gaz hydrogène est d'être inflammable. Il est utile de dire comment on constate d'habitude cette propriété caractéristique. Supposons que l'on ait devant soi une éprouvette remplie d'oxygène, une autre remplie d'azote, une troisième remplie d'hydrogène. Dans chacune d'elles on introduira successivement une allumette enflammée ou une de ces mèches enduites de cire, vulgairement appelées *rats de cave*. Lorsque l'allumette enflammée pénètre dans l'éprouvette d'oxygène, elle y prend instantanément un éclat beaucoup plus vif. Dès que l'on a remarqué cela, on retire l'allumette, on souffle dessus pour éteindre la flamme, et il ne reste plus que des points rouges incandescents que l'on nomme des *points en ignition.*

Si l'on introduit de nouveau l'allumette encore en ignition dans l'éprouvette où elle a tout à l'heure jeté un vif éclat, on la voit s'enflammer de nouveau et reprendre cet éclat inaccoutumé. Passons maintenant à l'éprouvette d'azote; l'allumette enflammée que l'on y introduit s'éteint aussitôt, et le gaz ne s'enflamme pas. Voyons, comparativement, ce qui se passe avec l'hydrogène.

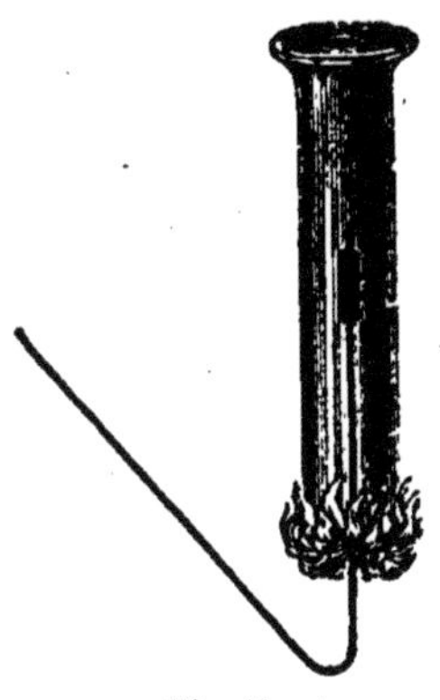

Fig. 11.
Combustion du gaz hydrogène dans une éprouvette.

Lorsqu'on introduit une allumette enflammée dans l'éprouvette d'hydrogène, au moment où elle y pénètre, on entend une légère détonation, une sorte de claquement; en même temps la couche superficielle du gaz s'enflamme. Par contre l'allumette s'éteint et demeure éteinte tant qu'elle est plongée dans le gaz hydrogène. Mais lorsqu'on la retire de l'éprouvette, l'allumette se rallume en traversant la couche de gaz hydrogène enflammé. Cette expérience prouve que l'hydrogène est un gaz inflammable, c'est-à-dire *combustible.* Elle prouve en outre que l'hydrogène n'est pas un gaz *comburant,* c'est-à-dire qu'il n'entretient pas la combustion, puisque l'allumette s'y éteint.

Cette triple expérience nous offre l'exemple d'un gaz *comburant,* l'oxygène; d'un gaz *non combustible* et *non comburant,* l'azote; d'un gaz *combustible* et *non comburant,* l'hydrogène.

N'oublions pas cependant la petite détonation qui s'est fait entendre lorsque l'hydrogène s'est enflammé au bord de l'éprouvette. Elle révèle une autre propriété très importante qui rend l'hydrogène dangereux.

Le gaz hydrogène, mêlé à l'air ou même au gaz oxygène seulement, constitue un gaz redoutable, parce que ce mélange fait violemment explosion dès qu'il s'enflamme. Si l'on prend un mortier de fonte et qu'on y mette une certaine quantité d'eau de savon, il est facile, avec une vessie analogue à celle dont se servait Cavendish dans l'expérience des bulles de savon, de diriger sous l'eau de savon du mortier un courant d'hydrogène qui fait mousser cette eau en grosses bulles. Ces bulles renferment de l'hydrogène mêlé d'air qui pénètre à travers la légère couche d'eau de savon. Si l'on approche de ces bulles une mèche allumée montée sur un long bâton, il s'y produit à l'instant une flamme légère accompagnée d'une détonation comparable à celle d'un coup de canon.

Aucun vase ne résisterait à l'explosion d'un mélange d'hydrogène et d'air que l'on a enflammé.

§ 3. — L'EAU NAÎT DU FEU

Macquer (né à Paris en 1718, mort en 1784) a observé le premier, en 1776, un fait assez inattendu et qu'on était loin de soupçonner de son temps. Lorsque le gaz hydrogène brûle, une soucoupe froide placée quelques instants au-dessus de la flamme se trouve, quand on l'en retire, couverte de fines gouttelettes d'eau. Nous savons aujourd'hui que cette eau résulte de la combustion de l'hydrogène et naît, à l'état de vapeur, de l'union du gaz hydrogène avec l'oxygène de l'air.

Vers la même époque (en 1781), l'Anglais Warltire eut l'idée de faire passer des étincelles électriques dans un vase contenant un mélange d'oxygène et d'hydrogène. Il constata que, là encore, il se produit des gouttelettes d'eau.

Prietsley, deux ans plus tard, fit la même expérience et recueillit avec soin l'eau ainsi formée; il constata que le poids de l'eau formée était égal à la somme des poids de l'oxygène et de l'hydrogène employés. Le célèbre James Watt (né à Greennock, en Écosse, en 1736, mort en 1819) s'empara aussitôt de cette expérience pour émettre l'avis que l'*eau est un corps composé de gaz oxygène et de gaz hydrogène.*

Il était réservé à deux savants français, Lavoisier et Laplace (né à Beaumont-en-Arge, Calvados, en 1749, mort en 1827), de prouver par des expériences décisives ce que James Watt avait pressenti sans oser y croire. Le 24 juin 1783, après une longue série de tentatives, ils réussirent, par le procédé de Warltire convenablement perfectionné, à produire 19 grammes 17 centigrammes d'eau. Peu de jours après ils renouvelèrent cette belle expérience avec le concours du général Meusnier (né à Tours en 1754, tué en 1793 sous les murs de Cassel), qui était en même temps un physicien distingué.

Ainsi fut faite pas à pas, au prix de sept années d'expérimentation, par le concours de six savants français et anglais, cette grande découverte de la chimie moderne. Les 19 grammes d'eau composés par Lavoisier et Laplace le 24 août 1783 sont la première quantité d'eau que les hommes aient jamais faite. L'appareil qui leur a servi se voit encore, ainsi que le vase contenant l'eau ainsi obtenue, dans la collection du Conservatoire des arts et métiers de Paris.

Lavoisier compléta bientôt cette découverte. Il avait composé de l'eau en combinant du gaz oxygène avec du gaz hydrogène. Il voulut décomposer de l'eau pour en obtenir deux gaz séparés l'un de l'autre. C'est ce qu'il fit avec Meusnier en 1784. Dès lors la démonstration expérimentale était complète.

§ 4. — LA COMPOSITION DE L'EAU

En résumé, l'*eau* est une combinaison chimique de l'*hydrogène* avec l'*oxygène*. Si elle n'avait pas un nom vulgaire qu'il serait ridicule de vouloir remplacer, la nomenclature chimique actuelle voudrait qu'on l'appelât un *oxyde d'hydrogène*.

Lorsque l'hydrogène brûle à l'air, il se combine avec l'oxygène que l'air renferme et donne naissance à de la vapeur d'eau. Macquer, en plaçant sur la flamme une soucoupe froide, avait condensé la vapeur en gouttelettes d'eau à l'état liquide. Quel bizarre phénomène! l'eau naît ainsi du feu! Cela était si éloigné des idées reçues au siècle dernier, que l'on comprend assez facilement les hésitations des chimistes avant d'admettre cette vérité comme démontrée.

Aujourd'hui on répète fréquemment dans les cours de chimie l'expérience de Macquer, et la figure ci-après montre comment on opère. Un flacon à deux tubulures contient de l'*eau* et des morceaux de *zinc*. Par le tube de la tubulure centrale on verse de l'*acide sulfurique*. Aussitôt le gaz *hydrogène* commence à se dégager. On le fait passer dans un tube contenant des fragments de potasse caustique pour le bien sécher (la potasse caustique absorbe l'eau en vapeur dont le gaz est humecté). On l'allume à sa sortie du tube de dégagement, et au-dessus de la flamme on dispose une cloche en verre. Sur les parois froides de cette cloche on voit apparaître, de plus en plus nombreuses, de petites gouttes d'eau résultant de la liquéfaction de la vapeur d'eau que le gaz hydrogène a formée en brûlant.

Gay-Lussac et Alexandre de Humboldt (né à Berlin en 1769,

mort en 1864) ont prouvé, en 1803, que 1 litre de vapeur d'eau résulte de la combinaison de 1 demi-litre d'oxygène avec 1 litre d'hydrogène. On énonce ce fait le plus souvent de la manière suivante : 1 volume d'oxygène et 2 volumes

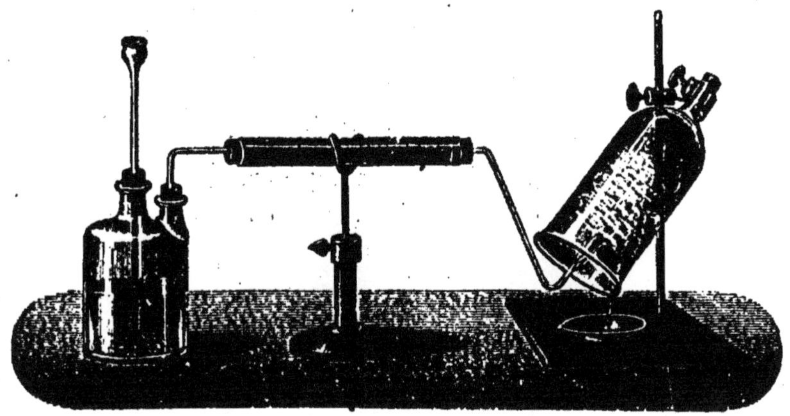

Fig. 12. — Le gaz hydrogène, en brûlant, produit de la vapeur d'eau qui se condense en gouttelettes d'eau sur les parois d'une cloche de verre froide.

d'hydrogène forment 2 volumes d'eau (en vapeur). M. Dumas, en 1840, a démontré par dix-neuf expériences successives que 100 grammes d'eau contiennent 88gr, 89 d'oxygène et 11gr, 11 d'hydrogène.

§ 5. — LES PROPRIÉTÉS CARACTÉRISTIQUES DE L'EAU

L'eau (c'est-à-dire l'oxyde d'hydrogène à l'état liquide) est incolore, transparente, dépourvue d'odeur, mais d'un goût fade quelque peu nauséabond. A l'état de pureté, l'eau n'a aucune action sur la teinture de tournesol, le sirop de violette ou la teinture de curcuma. Cet oxyde n'est donc ni un acide ni une base.

C'est un des corps les plus difficiles à échauffer, comme les plus lents à se refroidir. Cette propriété de l'eau se manifeste d'une façon curieuse à la surface du globe terrestre. Bien moins prompte à s'échauffer ou à se refroidir que le sol émergé, l'eau des océans est en général moins chaude que les terres des pays placés au voisinage de l'équateur terrestre, moins froide que celle des régions rapprochées des pôles du globe.

Fig. 18. — Étoiles de cristaux de neige vues sous une loupe grossissant environ 16 fois (en surface).

Les îles que l'eau de la mer environne doivent à cette influence un climat plus égal et plus doux que celui des grands continents. Les hivers y sont moins froids et les étés moins chauds. Pour la même raison, les courants d'eau de mer qui coulent à travers certains océans tempèrent énergiquement le climat des terres qu'ils viennent baigner.

A la température habituelle des climats tempérés et des climats chauds, l'eau se maintient à l'état liquide. Mais lorsqu'on la refroidit elle se solidifie, ou, comme on dit, se congèle vers 0°. A la température de 100° du thermomètre centigrade elle bout et passe à l'état gazeux. La langue vulgaire donne à l'eau solide le nom de *glace*, ou celui de *neige* quand elle est en menus flocons. Elle désigne sous le nom de *vapeur d'eau*, ou simplement de *vapeur*, l'eau à l'état gazeux.

Lorsque l'eau se congèle, c'est-à-dire passe à l'état solide, elle cristallise. On y distingue de petits cristaux qui se présentent ordinairement réunis en figures étoilées à six branches. La *neige* qui tombe par un temps de gelée, recueillie sur une étoffe sombre, se montre composée d'une quantité d'étoiles de ce genre. La *glace* se compose de cristaux semblables enchevêtrés et rapprochés au point de se toucher. La différence qui distingue la neige de la glace est due au mode

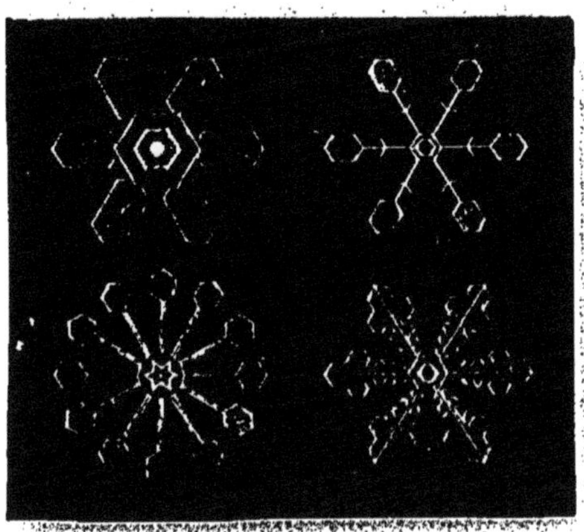

Fig. 14. — Étoiles de cristaux qui composent la neige, assez fortement agrandies.

de solidification qui les produit. Si l'on refroidit une masse d'*eau* au-dessous de 0°, elle se prend en un morceau de *glace*. Si l'on soumet de la *vapeur d'eau* à un refroidissement de 0° ou même de quelques degrés au-dessous, la vapeur se prend en *neige*. La glace, en résumé, provient de la congélation de l'eau; la neige, de la congélation de la vapeur.

C'est ainsi que l'air atmosphérique donne tour à tour de la *pluie*, de la *neige* ou de la *grêle*.

Si l'on soumet la neige à une certaine compression, elle s'agglomère en une masse de glace. Les sommets des hautes montagnes, comme les Pyrénées, les Alpes, les monts Hymalaya, les Andes, présentent de curieux phénomènes qui s'expliquent par ces diverses propriétés de l'eau.

Disons d'abord que la température de l'atmosphère s'abaisse rapidement à mesure que l'on s'élève au-dessus du sol. Toutes les observations faites par les savants qui ont exécuté des ascensions en ballon sont d'accord sur ce point. Les sommets des hautes montagnes qui se dressent dans les airs à 3,000, 4,000, 8,000 mètres au-dessus du niveau de la mer, atteignent des couches où règnent des températures notablement inférieures à 0°. L'air, chargé de vapeur d'eau qui parvient dans ces régions, y produit de la neige. Celle-ci s'accumule dans les parties creuses de la pente des hauts sommets. Pressée elle-même sous son propre poids, cette neige se change peu à peu en glace dans ses couches profondes. C'est ainsi que se sont formés et que s'entretiennent les *glaciers* des hautes montagnes.

Comme elle est composée de menus cristaux agglomérés, la glace prend assez facilement les formes qu'on lui veut donner. On peut le prouver avec le secours d'un moule formé de deux dés en bois creusés à leur centre d'une cavité en forme d'hémisphère. Si l'on remplit cette cavité de menus fragments de glace, que l'on ajuste les deux moitiés du moule et qu'on le soumette à une forte pression, après l'opération on retire du moule une boule de glace homogène et compacte.

Rien n'est plus facile d'ailleurs que de souder ensemble des morceaux de glace dont la surface est légèrement fondante. L'eau de fusion prise au point de contact entre deux surfaces de glace regèle et sert de soudure entre les morceaux.

Une des propriétés les plus importantes de l'eau est celle de dissoudre, c'est-à-dire de liquéfier un grand nombre de substances lorsqu'on les plonge dans ce liquide.

Les corps simples se dissolvent très mal ou même ne se dissolvent pas dans l'eau.

Les corps composés *acides* sont, au contraire, généralement très avides d'eau. L'*acide sulfurique*, l'*acide azotique* ne sont employés qu'à l'état de dissolution dans l'eau. Il en est de même de l'*acide chlorhydrique*, de l'*acide phosphorique*. Un acide fort important, l'*acide silicique*, qui entre dans la composition du verre et de la porcelaine, est insoluble dans l'eau.

Les corps composés désignés sous le nom de *bases* sont la plupart insolubles ou faiblement solubles dans l'eau. Cependant les bases les plus énergiques, la *potasse*, la *soude*, l'*ammoniaque*, sont très avides d'eau et s'emploient très fréquemment à l'état de dissolution aqueuse. La *baryte* est encore très soluble dans l'eau; la *chaux* l'est beaucoup moins, bien qu'elle absorbe avidement l'eau lorsqu'elle n'en renferme pas du tout. La *magnésie* est insoluble dans l'eau, ainsi que l'*alumine* et la plupart des oxydes formés par les métaux les plus connus.

La solubilité des *sels* dans l'eau est une des propriétés importantes à connaître dans leur histoire. L'eau dissout plus ou moins facilement l'immense majorité des sels. Il en est très peu qui soient absolument insolubles; il faut cependant citer le *sulfate de baryte*. Plusieurs ne se dissolvent dans l'eau qu'à petite dose. Beaucoup s'y dissolvent abondamment. Tous les *sels de potasse*, *de soude* et *d'ammoniaque* sont solubles dans l'eau. Il en est de même de tous les *azotates*, quelle que soit leur *base*. Sont encore solubles dans l'eau un très grand nombre de *sulfates*, les *hyposulfates* et les *hyposulfites*.

Mais l'eau ne dissout pas les *carbonates*, les *phosphates*, les *silicates*, les *borates*, les *arséniates*, excepté ceux de ces sels qui ont pour base la *potasse*, la *soude* ou l'*ammoniaque*.

Les *chlorures* sont solubles dans l'eau, sauf le *chlorure d'argent* et le *calomel* ou *protochlorure de mercure*. La plupart des *sulfures* ne se dissolvent pas dans l'eau.

Lorsque certains corps se dissolvent dans l'eau, il arrive parfois que, non seulement ces corps se liquéfient, mais aussi qu'ils se combinent avec l'eau en formant avec elle un composé nouveau.

L'eau ainsi unie à un autre corps est désignée sous le nom d'*eau de combinaison*. Le corps qui est combiné avec une certaine quantité d'eau est dit un corps *hydraté* (du mot grec *hydôr*, eau). On nomme, au contraire, *anhydre* (du grec *a*, particule qui indique la privation, et *hydôr*, eau), ce qui veut dire *privé d'eau*, un corps susceptible d'être hydraté et qui se présente absolument dépourvu d'eau.

Souvent, lorsqu'on fait cristalliser un sel par l'évaporation de l'eau qui le tient en dissolution, les cristaux en conservent une partie non pas combinée avec le sel, mais emprisonnée entre leurs lamelles. Le *sel commun*, ou *sel marin* (qui est un *chlorure de sodium*, dérivé de l'*acide chlorhydrique* et de la *soude*), offre un exemple de ce genre. Si l'on prend du sel commun et qu'on le projette sur des charbons ardents, il s'y brise en menus fragments avec un bruit particulier; on dit qu'il *décrépite* (du mot latin *crepitus*, bruit, détonation). C'est l'eau interposée entre les lamelles des petits cristaux qui se dilate sous l'influence de la chaleur, et qui les fait éclater.

§ 6. — L'EAU DISTILLÉE

Lorsqu'on recueille les eaux des rivières, des étangs ou des lacs, on constate qu'elles renferment en dissolution diverses substances. L'eau de mer particulièrement contient du sel commun (chlorure de sodium) en telle quantité, qu'elle a une saveur salée.

Les chimistes dans leurs expériences, les pharmaciens pour la préparation de leurs médicaments, ont très souvent besoin d'une eau qui ne renferme aucun corps étranger.

C'est ce que l'on nomme une eau *chimiquement pure*. On l'obtient en séparant l'eau douce ordinaire des corps qu'elle tient en dissolution. Il suffit pour cela de la *distiller*.

Cette opération se fait dans un appareil dont voici la description. Une sorte de bassine en cuivre étamé, que l'on nomme la *cucurbite*, est placée sur un fourneau, et son fond, qui est cylindrique, plonge dans le foyer. Elle s'évase en une panse dont l'orifice est recouvert d'une espèce de chapeau en cuivre étamé, appelé le *chapiteau*. Celui-ci se prolonge en un tube transversal qui s'infléchit plus loin vers le sol et se contourne en une hélice appelée le *serpentin*. Un *manchon* entoure le serpentin et permet de le maintenir dans un bain d'eau froide. Vers le bas de ce manchon vient aboutir au dehors le tube du serpentin, avec un robinet qui, à volonté, laisse écouler ou retient le contenu de ce tube.

L'eau que l'on veut distiller est mise dans la cucurbite. On coiffe celle-ci du chapiteau et l'on joint hermétiquement l'un à l'autre. Le fourneau est destiné à faire bouillir l'eau de la cucurbite. Celle-ci se vaporise, et le chapiteau conduit la vapeur dans le serpentin. Comme le serpentin est maintenu froid par le bain du manchon, la vapeur en y arrivant se refroidit et se condense en gouttelettes d'eau. Si l'on ouvre le robinet du serpentin, on peut recueillir dans un vase bien propre de l'*eau distillée*.

Cette eau est séparée des corps étrangers qu'elle contenait, parce que ces corps ne passent pas à l'état de vapeur, à 100°. Ils restent dans la cucurbite. L'air que renfermait l'eau s'est d'ailleurs échappé dès que l'on a commencé à chauffer, avant que la distillation fût en marche. L'eau recueillie provient donc uniquement de la liquéfaction de la vapeur d'eau pure. C'est de l'eau séparée de toute matière étrangère.

L'eau de pluie provient aussi d'une véritable distillation naturelle. Elle a pour origine l'évaporation qui se fait à la surface des mers, des lacs, des rivières. Elle se forme par la liquéfaction de la vapeur d'eau que l'air a ainsi reçue. C'est donc réellement de l'eau distillée. Aussi contient-elle des quantités extrêmement faibles de matières étrangères. Elle les a empruntées à l'air lui-même, où elle se condense. Remarquons que, pour avoir de l'eau de pluie aussi pure que possible, il faut recueillir celle qui tombe directement, et non pas celle qui a coulé sur les toits ou dans les gouttières. En lavant ces surfaces, l'eau de pluie dissout divers corps qui en altèrent la pureté.

§ 7. — LES EAUX POTABLES

L'eau distillée ne saurait être employée comme boisson. Elle a un goût fade qui fait presque lever le cœur. Elle se digère difficilement, surtout parce qu'elle ne contient pas d'air. En un mot, l'eau distillée n'est pas de l'eau *potable*.

On appelle *eau potable* (du mot latin *potare,* boire) toute eau bonne à boire, c'est-à-dire agréable au palais du buveur et saine pour lui. C'est l'expérience même qui fait connaître les eaux potables. Chaque centre de population distingue très bien les eaux bonnes à boire dans le pays. Les chimistes se sont étudiés à constater comment sont composées les eaux reconnues comme telles. Voici ce que l'observation leur a appris.

Les eaux potables sont fraîches, limpides, dépourvues de toute odeur et douées d'une très faible saveur. Elles contiennent aussi peu que possible de matières animales ou végétales. La présence de ces matières les exposerait à se corrompre, à devenir malsaines ou à contracter mauvaise odeur et mauvais goût.

Elles tiennent toujours une certaine quantité d'air en dissolution. Plusieurs possèdent aussi un peu d'acide carbonique; ce qui les rend très agréables au palais et favorables à la digestion.

Elles contiennent encore en dissolution de petites quantités de certains sels, principalement du *carbonate de chaux*, du *phosphate de chaux* et du *chlorure de sodium* ou *sel marin*. Tous ces sels ensemble ne forment pas un résidu solide de plus de 5 à 6 décigrammes par litre, lorsqu'on fait évaporer une eau potable jusqu'à siccité complète; cela fait 5 à 6 dix-millièmes du poids de l'eau. Les eaux qui renferment une plus forte proportion de matières salines se digèrent mal. On a coutume de les désigner comme des *eaux crues* ou *dures*. On nomme habituellement *eaux lourdes* celles qui renferment trop peu de matières salines, moins de 1 décigramme par litre.

Beaucoup d'eaux potables ne contiennent d'ailleurs pas 5 à 6 décigrammes de sels par litre. Ainsi l'eau de la Seine prise en amont de Paris, à Bercy, donne par litre seulement 254 milligrammes de résidu solide; l'eau de la Loire, à Nantes, 117 milligrammes; l'eau de la Garonne, à Toulouse, 136 milligrammes; l'eau du Rhône, à Lyon, 190 milligrammes; l'eau de la Moselle, à Metz, 116 milligrammes; l'eau de la Somme, à Amiens, 264 milligrammes; mais l'eau de la Marne en donne 511. Beaucoup d'eaux de puits sont remarquablement lourdes. Il en est qui, par évaporation, laissent jusqu'à 1 et 2 grammes de matières salines par litre. Cependant l'eau du puits artésien de Grenelle, à Paris, ne donne que 149 milligrammes par litre. Ces divers nombres sont fournis par M. le professeur Paul Poiré, dans un de ses traités élémentaires de chimie.

Les eaux potables ont enfin pour derniers caractères de bien dissoudre le savon sans produire de grumeaux, et de bien cuire les légumes.

L'eau de pluie ne présente pas la plupart de ces conditions. Elle n'est bonne à boire que lorsqu'elle a été recueillie en rase campagne, ou tout au moins qu'elle n'a coulé sur aucune surface recouverte de plomb. En tout cas, elle est toujours pauvre en matières salines; c'est une eau lourde. L'eau obtenue de la neige ou de la glace est de la même qualité.

On désigne sous le nom d'*eaux séléniteuses* des eaux qui cuisent mal les légumes, les rendent coriaces et difficiles à digérer, qui dissolvent mal l'eau de savon et y forment des grumeaux. Les eaux de puits sont souvent séléniteuses. Les défauts des eaux ainsi désignées sont dus à ce qu'elles tiennent en dissolution une quantité relativement assez forte de *sulfate de chaux*.

L'*eau de mer* se distingue sans peine des *eaux douces* par la saveur salée et saumâtre qu'elle possède. Elle renferme 26 à 27 grammes par litre de *chlorure de sodium* ou *sel marin*, plus 5 grammes environ de *chlorure de magnésium*, 1 gramme de *chlorure de calcium* et 4 à 5 grammes de *sulfate de soude*. On a essayé de la rendre potable en la distillant; on y a réussi dans une certaine mesure, mais on sait que l'eau distillée n'est pas véritablement de l'eau potable. A bord des navires, depuis l'emploi des machines à vapeur, qui donnent sans augmentation de frais la chaleur nécessaire, on trouve avantage à alimenter les équipages avec de l'eau de mer distillée.

§ 8. — LES EAUX FILTRÉES OU RECTIFIÉES

Les eaux non potables doivent leurs défauts à un petit nombre de causes dont on peut corriger les effets.

Un des premiers moyens de les rendre potables, c'est,

chacun le sait, de les *filtrer*. Cette petite opération est comparable à celle que l'on exécute pour certaines poussières en les passant au tamis. Le *filtrage* consiste toujours à faire passer l'eau à travers un corps poreux qui arrête et retient les impuretés. La nature même nous donne l'exemple de cette purification. Personne n'a vu une source dans les pays de montagnes sans être frappé de l'extrême limpidité de l'eau. C'est en réalité de l'eau filtrée. Elle sort du sol après avoir passé à travers des couches de terrains perméables où elle s'est peu à peu dépouillée de tout ce qui la souillait. Ces couches sont souvent composées simplement de sable fin; d'autres fois ce sont des lits de pierre calcaire dont les pores ont laissé filtrer l'eau. Dans notre économie domestique, nous imitons ces procédés. Un lit de sable fin placé au fond d'une fontaine peut suffire à purifier l'eau que l'on en soutire au moyen du robinet. Dans les fontaines de pierre si communes dans les cuisines, on dispose à l'intérieur un compartiment construit en pierre poreuse; un robinet spécial soutire l'eau recueillie dans ce compartiment. C'est de l'eau filtrée, car elle n'est parvenue dans le compartiment spécial qu'en passant par les pores de la pierre.

On emploie aussi comme filtres purificateurs des espèces d'entonnoirs fermés en feutre. On verse le liquide dans cette sorte de poche, il filtre à travers le feutre, et on le recueille purifié dans un vase placé en dessous.

Les chimistes, qui ont souvent besoin de filtrer des liquides, emploient un papier mince, non collé et très perméable. C'est une sorte de papier buvard mince, tantôt gris, tantôt blanc. On prend un carré de ce papier, on le plie en double, puis on plie ce double en éventail, enfin on le place dans un entonnoir en verre. On verse alors le liquide dans la poche que forme le papier, et le filtrage s'opère.

Pour désinfecter des eaux croupies, on les filtre à travers une couche de poussière de charbon.

Quant aux eaux dites *séléniteuses*, qui ne peuvent ni bien

dissoudre le savon, ni cuire les légumes sans les durcir, on les rectifie en y ajoutant une petite quantité de la substance vulgairement appelée *soude* ou *carbonate*, et qui est en réalité du *carbonate de soude*. Il se fait au fond de l'eau un dépôt blanc de *carbonate de chaux*. On la laisse reposer, puis on la décante (on la fait couler doucement sans agiter le fond) ou même on la filtre. Elle a perdu ses défauts.

§ 9. — LA DÉCOMPOSITION DE L'EAU

Lorsqu'on veut décomposer l'eau pour en extraire le gaz hydrogène, on met dans un flacon de l'*eau*, de menus fragments de *fer*, ou plus habituellement des morceaux de *zinc*, et on verse sur le tout un peu d'*acide sulfurique*. Le gaz se dégage immédiatement en bulles nombreuses. Si l'on met la main autour du flacon où s'est faite l'opération, on constate que le liquide intérieur est devenu chaud. Nous allons essayer de nous expliquer ce qui s'est passé. Nous supposerons que, selon l'habitude, on a employé le zinc plutôt que le fer.

Si après l'opération on laisse le flacon débouché perdre par évaporation la plus grande partie de son liquide, on trouve au bout de plusieurs jours, dans ce flacon, de gros cristaux blancs et presque transparents. C'est un sel soluble dans l'eau, qui s'est formé dans l'opération, et qui reprend l'état solide à mesure que le dissolvant s'évapore. Ce sel est du *sulfate de zinc*.

Nous savons donc que la réaction chimique où ont été engagés, au début, de l'*eau*, du *zinc* et de l'*acide sulfurique*, a donné comme produits du gaz *hydrogène* et du *sulfate de zinc*. Ce sel est, son nom l'indique, composé d'*acide sulfurique* et d'*oxyde de zinc*. Nous avons introduit dans le flacon de l'*acide sulfurique*, c'est lui que nous retrouvons dans le *sulfate*. Mais il est combiné avec de l'*oxyde de zinc*. Il avait été mis dans le flacon du *zinc* seulement. Ce métal est *oxydé*, c'est-à-dire est combiné avec de l'*oxygène;* d'une autre part, il s'est dégagé de l'*hydrogène; oxygène* et *hydrogène*, ce sont les éléments de l'*eau*. C'est

Fig. 15. — Décomposition de l'eau par le fer chauffé au rouge.

la décomposition d'une certaine quantité d'*eau* qui a fourni au *zinc* l'*oxygène* auquel il est uni, et qui a mis en liberté du gaz *hydrogène*. Cette réaction chimique a été accompagnée d'un dégagement de chaleur; il en est ainsi dans toutes les opérations où des corps se combinent ou se décomposent.

On obtient l'hydrogène plus pur en décomposant la vapeur d'eau par le fer chauffé au rouge. Dans un vase de verre on met une certaine quantité d'*eau* qu'un bec de gaz placé en dessous permet de faire bouillir. Le vase est muni d'un tube en verre qui s'ajuste dans une des extrémités d'un tube de porcelaine. Celui-ci est placé dans un fourneau en terre recouvert d'un chapiteau à cheminée; c'est ce qu'on appelle un *fourneau à réverbère*. Un tube en verre est adapté à l'autre extrémité du tube de porcelaine. Il sert à conduire sous une cloche étroite, dite *éprouvette*, le gaz qui va se dégager. Le tube de porcelaine contient des rognures de *fer*. On fait bouillir l'eau et on chauffe au rouge le tube de porcelaine, et par conséquent le fer qu'il contient. Un courant de vapeur d'eau passe sur le fer. Il se dégage bientôt du gaz hydrogène que l'on recueille dans l'éprouvette.

La réaction chimique qui s'est produite est simple à concevoir. Le *fer* rouge a décomposé la vapeur d'*eau* et lui a enlevé son *oxygène* pour former l'*oxyde de fer*. L'*hydrogène* isolé s'est dégagé dans l'éprouvette.

Ce procédé est celui par lequel Lavoisier et Meusnier ont exécuté en 1784 la décomposition, ou, comme on dit, l'*analyse* de l'eau.

§ 10. — L'ÉLECTRICITÉ COMPOSANT ET DÉCOMPOSANT L'EAU

Nous avons vu précédemment que Warltire, Priestley, Lavoisier et Laplace ont formé de l'eau en faisant passer des étincelles électriques dans un mélange de gaz oxygène et de gaz hydrogène. Ces étincelles, selon l'usage, provenaient de *bouteilles de Leyde* chargées avec une *machine électrique*. Nous savons donc que l'électricité, lorsqu'on opère ainsi, provoque la combinaison des éléments de l'eau, qu'elle *compose* de l'eau avec du gaz *oxygène* et du gaz *hydrogène*.

On sera sans doute surpris d'apprendre que l'électricité, dans d'autres circonstances, décompose l'eau et sépare l'un de l'autre les gaz oxygène et hydrogène.

Il faut pour cela employer, non plus une machine électrique et la bouteille de Leyde, mais la *pile voltaïque*.

La figure ci-jointe représente l'expérience. Une pile voltaïque, non représentée dans la figure, communique le courant électrique aux fils *f* et *f'*, que l'on voit dans la figure ci-contre. Ces deux fils sont en cuivre et conduisent le courant dans un verre dont le fond, au moyen de deux tiges

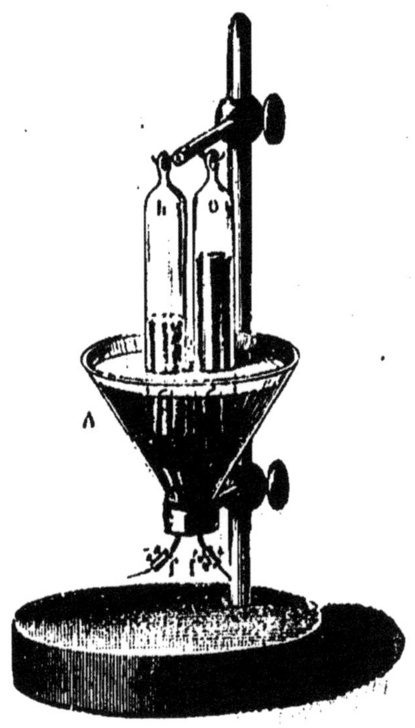

Fig. 16. — Décomposition de l'eau sous l'influence d'un courant électrique qui la traverse.

métalliques en platine, reçoit cette électricité et la conduit dans une certaine quantité d'eau. Des bulles de gaz se montrent sur chacune des tiges de platine. Si l'on place une petite éprouvette sur chaque tige, les deux éprouvettes (*h* et *o*) récoltent du gaz. L'une d'elles (*h*) en reçoit dans le même temps un volume double de celui que recueille l'autre (*o*). Au moyen d'une allumette enflammée on peut constater que le gaz récolté en volume double est combustible, mais éteint l'allumette; c'est de l'*hydrogène*. L'autre fait brûler l'allumette avec un très vif éclat; c'est de l'*oxygène*.

Cette expérience prouve en même temps que l'eau décomposée produit un volume d'hydrogène double de celui de l'oxygène.

CHAPITRE VI

LE DIAMANT ET LES CHARBONS

---

§ 1. — LE DIAMANT

Depuis les temps les plus anciens, on estime au plus haut prix la pierre que nous nommons en français le *diamant,* que les Grecs et les Romains appelaient *adamas.* Elle est recherchée comme le plus bel ornement des bijoux. Sa grande dureté est utilisée dans l'industrie. Le diamant est d'ailleurs assez rare pour demeurer fort cher, et comme nous ne connaissons encore aucun procédé pour le fabriquer, nous sommes réduits à employer seulement les diamants que nous trouvons dans la nature.

Les pays où l'on rencontre des diamants ne sont pas nombreux. Les anciens, jusqu'au XVIe siècle, n'en tiraient que de l'Inde. C'est encore aujourd'hui la patrie des plus beaux diamants. Les gisements de l'Inde sont situés dans la partie moyenne de la presqu'île, à environ 300 kilomètres au sud-est de Bombay, au milieu d'une vaste contrée nommée le Bedjapour, actuellement soumise aux Anglais et célèbre jadis sous les noms de royaume de Visapour et de Golconde. Là, au pied des montagnes que l'on nomme les Gathes occidentales, s'étend une région de terrains sablonneux où l'on trouve mêlés au sable des diamants bruts. Depuis la découverte du nouveau monde, le Brésil est devenu une seconde patrie du diamant, et c'est actuellement la plus féconde. Les gisements sont là aussi des dépôts sablonneux. Ils sont situés dans la province de Minas-Geraes, au pied de la sierra (chaîne de montagnes) d'Espinhaço, dans un district de la comarque du Serro-Frio, qui renferme en outre des mines d'or et d'argent, et que l'on appelle *Diamantina*. Vers 1840, on a découvert en Sibérie, au pied des monts Ourals, des sables analogues à ceux de l'Inde et du Brésil qui ont donné jusqu'ici une faible quantité de diamants. Mais, depuis 1872, on exploite avec grand profit de nouveaux gisements situés en Afrique, dans la colonie anglaise du cap de Bonne-Espérance. Les diamants du Cap sont généralement d'une teinte jaunâtre.

Les diamants bruts sont salis et ternis à leur surface par le sable qui les entoure. Ils ont assez l'apparence de morceaux de verre. Pour les employer comme pierres précieuses, on les soumet à une opération longue et délicate que l'on appelle la *taille*. On attribue l'invention de la taille du diamant à Louis de Berquem, joaillier de Bruges, qui vivait au XVe siècle. C'est en Hollande que fleurit surtout cette industrie. Elle consiste à user le diamant avec sa propre poussière, nommée *égrisée*. On emploie les menus déchets de la taille, ou les diamants petits et entachés de défauts, à fabriquer l'égrisée. En usant le diamant avec cette poussière mêlée d'huile, on enlève les parties extérieures, on met à jour des faces naturelles intérieures qui lui donnent des formes déterminées et lui rendent toute sa transparence.

Le diamant ainsi préparé est une belle pierre, d'autant plus estimée qu'elle est plus dépourvue de coloration et qu'elle est d'une plus complète transparence. Exposée à la lumière, elle jette des feux chatoyants qui font le plus bel effet. On rencontre des diamants colorés en jaune, en vert pâle, en gris ou même en noir.

Les diamants sont généralement de petites pierres. On les pèse, dans le commerce, avec un poids spécial appelé *carat* et qui équivaut à 205 milligrammes. Les petits diamants, qui sont les plus nombreux, atteignent à peine le poids de 1 carat; brut, ils valent environ 48 francs le carat; taillés,

Fig. 17.
Forme d'un diamant taillé en *brillant*.

Fig. 18.
Forme d'un diamant taillé en *rose*.

on les vend 125 francs. Un diamant taillé du poids de 1 carat vaut 250 francs; 2 carats, 800 francs; 3 carats, 1,500 francs; 8 carats, 10,000 francs. Les diamants taillés de plus de 8 carats ont une valeur exceptionnelle. Un diamant de 8 carats est à peu près du volume d'un gros pois. C'est une pierre fort belle. On cite parmi les diamants absolument exceptionnels le diamant du radjah de Mattan, à Bornéo. C'est le plus gros que l'on connaisse; il est brut et pèse 300 carats (61 grammes et demi); il est gros comme la moitié d'un œuf de poule. Le plus parfait des gros diamants taillés est celui qui fut acheté par le régent de France Philippe d'Orléans (1715-1723), et qui est connu sous ce nom même, *le régent*. Il pesait 410 carats (84 grammes) avant d'être taillé; aujourd'hui il en pèse seulement 136 (27 grammes 88); mais la perfection de la taille a plus que doublé sa valeur. On l'estime au moins 5 millions de francs. Il a 3 centimètres de largeur ainsi que de longueur, sur une épaisseur de 18 millimètres.

Le diamant est le plus dur de tous les corps, en ce sens

qu'il les raye tous et n'est rayé par aucun autre. Il pèse trois fois et demie autant que son volume d'eau.

Vers la fin du XVIIe siècle, une réunion célèbre de savants italiens, connue sous le nom d'*El Cimento* (sorte d'académie qui siégeait à Florence), découvrit qu'un diamant placé au foyer d'un miroir ardent exposé au soleil brûle sans laisser de résidu. Un peu plus tard, le prince Étienne de Lorraine brûla du diamant à un feu de forge. A la fin du XVIIIe siècle, Lavoisier et Guyton-Morveau constatèrent que, si l'on place un diamant sous une cloche remplie de gaz oxygène, et si on le fait brûler au moyen d'une lentille de verre concentrant sur lui les rayons du soleil, après que le diamant est consumé, on trouve mêlé au gaz *oxygène* du gaz *acide carbonique*. Enfin le célèbre chimiste anglais Humphry Davy (né à Penzance, Cornouailles, en 1778, mort en 1829 à Genève) prouva que, dans cette expérience, l'acide carbonique formé contient justement un poids de *carbone* égal à celui du *diamant* brûlé. On en conclut enfin que le diamant n'est autre chose que du *carbone* compact et cristallisé. Cette conclusion, qui assimile le charbon et le diamant, était assez extraordinaire pour n'avoir été admise que sur des preuves incontestables.

§ 2. — LA MINE DE PLOMB ET LA PLOMBAGINE

Dans certaines régions de la France, de l'Angleterre, de la Sibérie, de la Bavière, du Piémont, on extrait du sol une matière d'un gris noirâtre, d'un éclat qui rappelle un peu celui des métaux; douce et onctueuse au toucher; qui se raye à l'ongle, et qui, lorsqu'on l'appuie un peu sur le papier, y laisse des taches grises et brillantes. On la nomme *graphite* (du verbe grec *graphein*, écrire) parce qu'on l'emploie à fabriquer les crayons dits de *mine de plomb*.

Le graphite réduit en poussière est ce que l'on appelle la *plombagine* ou *mine de plomb*. Malgré ce nom, le graphite et la plombagine ne renferment absolument pas de plomb. C'est encore du *carbone* pur. Ils brûlent dans l'*oxygène*, en produisant de l'*acide carbonique*. Mais cette nouvelle sorte de carbone, bien moins compacte que le diamant, pèse seulement un peu plus de deux fois autant que son volume d'eau.

Pour fabriquer les crayons de mine de plomb, on se bornait jadis à tailler dans un bloc de graphite, préalablement chauffé, des baguettes longues d'environ 18 à 20 centimètres, épaisses de 2 millimètres. On les entourait de bois de cèdre; c'étaient les crayons de mine de plomb. En 1795, un savant français, qui fut en même temps un grand industriel, Jacques Conté (né en 1755 en Normandie, mort en 1805), perfectionna beaucoup cette fabrication. Au lieu de prendre du graphite, il imagina de former avec de la plombagine, de l'argile et de l'eau, une pâte facile à couler en baguettes. Il put ainsi graduer la dureté de ses crayons d'une façon régulière, en faisant des pâtes plus ou moins compactes.

Les fumistes recouvrent de plombagine, étendue avec un peu d'huile, les tôles et les fontes des appareils de chauffage.

§ 3. — LE CHARBON DE TERRE

Dès le milieu du IXe siècle, les paysans de certaines parties de l'Angleterre employaient à la fois, pour se chauffer, du charbon de bois et un combustible tiré du sol qu'ils appelaient *coal*, et que les Français, lorsqu'ils le connurent, beaucoup plus tard, nommèrent *charbon de terre*. Selon une tradition flamande, vers 1049, un pauvre forgeron des environs de Liège (Belgique), apprit, d'un vieillard inconnu, à se servir d'un combustible tiré du sol et très propre à chauffer la forge. Ce forgeron s'appelait Hallos ou Hullos ; et l'on assure que son nom, appliqué au combustible qu'il employait, fut l'origine du mot *houille*.

L'usage du charbon de terre dans les travaux industriels, et surtout dans la *métallurgie* (travail de préparation des métaux), s'est d'abord développé en Angleterre et concurremment en Belgique. Mais il a pris un essor extraordinaire depuis l'invention et la mise en œuvre des machines à vapeur, qu'il sert à chauffer. Cela date de la fin du XVIIIe siècle. Actuellement la consommation du charbon de terre dans l'industrie a pris un développement inouï. Elle augmente chaque année, et on répète volontiers, avec raison, que d'après la quantité annuelle de charbon de terre que consomme un pays, on peut juger de la prospérité de son industrie.

Le nom vulgaire de *charbon de terre* désigne plus spécialement la substance appelée la *houille*. Mais on emploie aussi, tout en leur appliquant le nom de *charbon de terre*, d'autres combustibles tirés de la terre, qui sont l'*anthracite* et le *lignite*.

La houille est une matière solide, noire, plus ou moins brillante, qui brûle assez facilement avec une flamme brillante, une fumée noirâtre et une odeur de bitume. La houille est essentiellement formée de *carbone;* mais elle contient en même temps une quantité variable de *bitume*, substance composée de *carbone*, d'*hydrogène* et d'*oxygène*. On nomme *houilles grasses* celles qui sont le plus bitumineuses, et *houilles maigres* celles qui le sont le moins.

Du reste on distingue habituellement cinq variétés de houilles.

1° Les *houilles grasses maréchales*, riches en matières bitumineuses, d'une belle couleur noire et très bonnes pour les usages de la forge. Lorsqu'on les brûle, elles fondent en une masse pâteuse et dégagent beaucoup de chaleur. Les meilleures houilles maréchales viennent du bassin de Saint-Étienne (France) et de celui de Mons (Belgique).

2° Les *houilles grasses dures* fondent moins au feu que les précédentes; on les estime surtout pour les usines métallurgiques, fonderies de fer, de cuivre, etc. On tire d'Alais et de Rive-de-Gier d'excellentes houilles grasses dures.

3° Les *houilles grasses à longue flamme* conviennent surtout pour le chauffage de nos habitations. Elles sont aussi de fort bonne qualité pour la fabrication du gaz d'éclairage. Ces sortes de houilles sont peu fusibles au feu et attaquent modérément les barreaux des grilles sur lesquelles on les brûle. On les tire surtout du bassin de Mons, de celui de Commentry (France).

4° Les *houilles sèches à longue flamme* sont beaucoup plus pauvres en matières bitumineuses; aussi donnent-elles moins de chaleur en brûlant. On les emploie surtout pour le chauffage des chaudières de machines à vapeur, parce qu'elles ne s'agglutinent pas au feu.

5° Enfin les *houilles sèches sans flamme*, très pauvres en matières bitumineuses, brûlent avec peine en donnant pour cendres une poussière non agglomérée. On les utilise dans certaines opérations industrielles, telles que la cuisson des briques ou de la chaux.

L'Angleterre, la Belgique et la France sont les principaux pays pour la production de la houille. La France est le moins riche des trois. Cependant on y compte 350,000 hectares de terrains houillers, répartis en 71 bassins intéressant quarante-quatre départements. Le premier des bassins houillers français est celui de la Loire ou de Saint-Étienne. Viennent ensuite le bassin du Nord dans les départements du Nord et du Pas-de-Calais, le bassin d'Alais (Gard), celui de l'Allier, et celui d'Épinac et de Blanzy ou de Saône-et-Loire.

L'*anthracite* est une matière solide, sèche au toucher, noire avec de beaux reflets irisés à nuances métalliques bleues, rouges, violettes et jaunes. Il s'allume et brûle difficilement, mais donne une grande chaleur. Il exige un tirage très énergique. On s'en sert surtout dans les fonderies de métaux où on peut le brûler en grandes masses.

Le *lignite* est un combustible assez semblable à la houille, mais de moins ancienne formation au sein de la terre. Il donne peu de chaleur, beaucoup de fumée et une odeur peu agréable. Certaines variétés de lignites très compactes sont employées pour la bijouterie de deuil sous le nom de *jais* ou *jayet*.

Le plus imparfait des charbons de terre est la *tourbe*, qui se forme au fond des marais. Elle brûle mal, chauffe peu, produit beaucoup de fumée et répand une odeur assez forte. Séchée et comprimée, elle perd beaucoup de ses défauts et devient d'un assez bon usage. On trouve de la tourbe en France, dans les vallées marécageuses de la Somme et de l'Oise. Elle abonde en Hollande, en Westphalie, en Hanovre, en Silésie.

§ 4. — LE COKE ET LE CHARBON

Pour séparer le charbon proprement dit des matières qui y sont unies dans les charbons de terre, on leur fait subir une opération appelée *carbonisation*, qui donne pour produit un charbon artificiel appelé *coke*.

La carbonisation de la houille consiste toujours à chauffer celle-ci dans des conditions où l'air lui arrive en quantité insuffisante. Dans de telles conditions, les matières bitumineuses, qui brûlent plus facilement que le carbone isolé, entrent les premières en combustion, se consument et donnent pour résidu le charbon à peu près pur. Les procédés que l'on emploie pour réaliser cette opération sont d'ailleurs assez variés. Le *coke* s'obtient aussi dans la fabrication du gaz d'éclairage.

La carbonisation du charbon de terre, pour la fabrication du coke, se pratique depuis longtemps en Angleterre dans des espèces de *meules* que l'on construit avec les morceaux de houille. On leur donne la forme de tertres en pain de sucre; on les recouvre de paille mouillée, de terre humide ou même de briques. Quelques ouvertures convenablement ménagées permettent de mettre le feu à la base de la meule.

La houille y subit une combustion lente avec un très faible appel d'air extérieur. Cette carbonisation se fait à l'air libre, au voisinage même des houillères.

A ces procédés primitifs on substitue de plus en plus la carbonisation dans des fours spécialement disposés pour décomposer d'abord les matières bitumineuses en des produits gazeux. Ceux-ci sont brûlés ensuite sans que le carbone puisse brûler comme eux. C'est surtout dans les usines métallurgiques et les ateliers de chemins de fer que le coke se prépare ainsi.

La fabrication du *charbon de bois* consiste en une carbonisation du bois analogue à celle du charbon de terre qui produit le coke. Le bois séché renferme habituellement une quantité de *carbone* qui équivaut à 38 ou 40 pour 100 de son poids. Si l'on chauffe le bois séché dans un espace où l'air ne puisse pénétrer, il se dégage divers produits sous forme de vapeur et il reste une masse poreuse de *carbone* conservant encore toutes les formes du bois. Si l'air avait libre accès, cette masse de carbone brûlerait à l'oxygène de l'air; la carbonisation tient donc essentiellement à ce que l'opération se fait à l'abri de l'air.

La carbonisation du bois s'exécute aussi, soit en meules et au grand air : c'est le *procédé des forêts;* soit dans des fours ou grandes cornues en fonte.

Le meilleur charbon de bois se tire des bois de chêne, de châtaignier, de charme, de hêtre, d'érable, de bouleau, etc. Il doit être léger, sonore et cassant.

Lorsqu'on chauffe dans un vase clos des os préalablement

séchés, on obtient encore une carbonisation du même genre. Le produit est ce que l'on appelle du *noir animal.* On le pulvérise, et, lorsqu'on veut décolorer une liqueur, on la passe à travers un filtre de papier chargé de cette poudre, qui a un grand pouvoir décolorant.

Il reste à dire un mot du *noir de fumée.* C'est un charbon

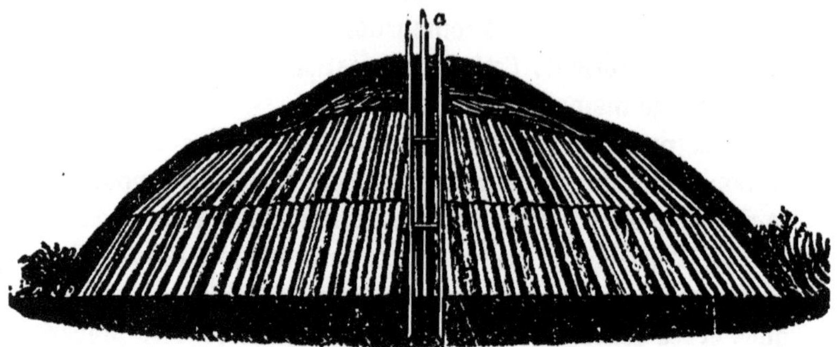

Fig. 19. — Coupe d'une meule de charbonnier au bois (procédé des forêts). — *a*, cheminée de tirage pour la faire brûler.

en poussière très fine et à peu près pur de matières étrangères. On fabrique du noir de fumée en brûlant, à l'aide d'un courant d'air, de la résine ou du goudron de houille. Ces deux matières sont formées de *carbone* et d'*hydrogène.* L'hydrogène brûle beaucoup plus vivement que le carbone. Il absorbe donc la plus grande partie de l'oxygène contenu dans l'air. Il reste une partie de carbone qui ne peut brûler; la fumée l'entraîne en une très fine poussière qui la colore en noir. On dirige cette fumée dans une pièce voisine du foyer, le *noir de fumée* s'attache aux murs; il suffit de les racler doucement pour le faire tomber sur le plancher. La pièce est ronde avec un toit en pain de sucre, au milieu duquel un trou est disposé pour laisser échapper la fumée. Sous ce toit fixe est suspendu à une poulie, au moyen d'une corde, un cône en tôle assez semblable à un grand éteignoir. On le fait monter et descendre dans la pièce, et ses bords ramonent les murs de façon à faire tomber le noir de fumée. Ce produit sert à fabriquer les couleurs noires pour la peinture, les encres d'imprimerie et les crayons noirs pour le dessin. Pour ce dernier usage, on mêle le noir de fumée avec de l'argile.

§ 5. — LE CARBONE

Depuis le diamant jusqu'au noir de fumée, voilà bien des espèces de charbons. En somme, il y a, sous ces formes variées, un seul et même corps que les chimistes ont eu besoin de désigner par un nom spécial. Ils ont emprunté ce nom au latin, ils l'ont appelé *carbone* (du nom latin *carbo,* qui veut dire charbon).

Le *carbone* est un corps solide absolument dépourvu d'odeur ou de saveur. Chauffé dans un gaz qui ne l'attaque pas, dans l'azote, par exemple, il résiste aux plus hautes températures sans fondre et sans donner de vapeurs. Il brûle à l'air ou dans l'oxygène dès qu'on l'a porté à la température rouge; c'est ce que l'on appelle vulgairement *l'allumer.* Nous savons qu'en brûlant il se combine avec *l'oxygène,* et donne naissance à un gaz, *l'acide carbonique.* Ce gaz est le seul produit de la combustion du carbone, toutes les fois que celui-ci brûle en présence d'un excès de gaz oxygène. Lorsqu'on fait brûler une grande quantité de carbone avec une faible quantité d'oxygène, la combustion donne deux produits gazeux : de *l'acide carbonique* et de *l'oxyde de carbone.* Celui-ci, pour le même poids de carbone, contient moitié moins d'oxygène que le premier.

Le *carbone,* chauffé à la température rouge, décompose *l'eau,* lui enlève son *oxygène* et forme de *l'oxyde de carbone,* parce que la quantité de carbone excède la quantité d'oxygène; le gaz *hydrogène* se dégage. Le charbon agit là comme un *corps réducteur;* c'est ainsi que nous avons vu le *fer,* chauffé au rouge, réduire un courant de vapeur d'*eau,* former de l'*oxyde de fer* et produire du gaz *hydrogène.*

Les espèces de carbone obtenues par la carbonisation du bois ou des os sont extrêmement poreuses, c'est-à-dire qu'entre leurs particules il existe de nombreux vides, très fins, mais communiquant entre eux. Ce sont comme des éponges d'une finesse infiniment plus grande que la plus fine des éponges. Ils doivent à cette porosité des propriétés curieuses que l'on utilise dans l'industrie.

Le *charbon de bois* et surtout le *noir animal* lui doivent leur pouvoir *absorbant, désinfectant* et *décolorant.* Voici ce que signifient ces trois mots. Le charbon de bois et le noir animal *absorbent* avec énergie les gaz dans lesquels on les plonge dans l'état incandescent. On chauffe ainsi le charbon au rouge pour expulser de ses pores l'air qu'il a absorbé et qu'il renferme habituellement. Une expérience très simple démontre le pouvoir absorbant du charbon.

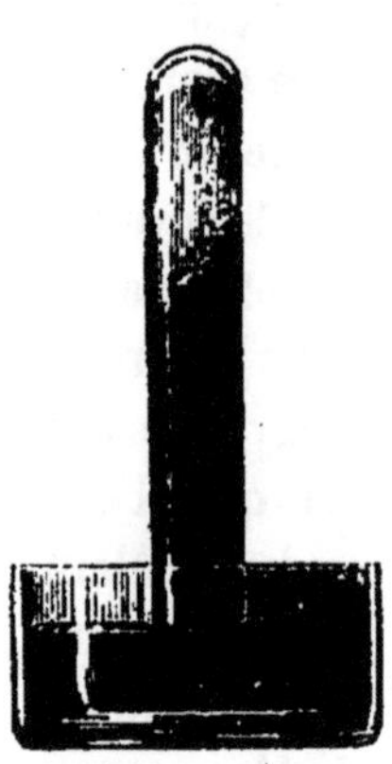

Fig. 20. — Procédé pour absorber un gaz par la braise rouge sur le mercure.

On dispose sur une cuve à mercure une éprouvette remplie de gaz *ammoniac.* Avec une pince on introduit sous l'éprouvette, et en traversant le mercure, un morceau de braise rouge. Le gaz disparaît rapidement, et le mercure, montant dans l'éprouvette, ne tarde pas à la remplir. Le morceau de braise a contracté une forte odeur d'*ammoniac* qui prouve que le gaz a réellement pénétré dans ses pores. Un fait vulgaire s'explique par le pouvoir absorbant du charbon. Chacun sait que le charbon de bois exposé à l'air, surtout si celui-ci est quelque peu humide, augmente de poids d'une façon sensible. C'est parce qu'il absorbe la vapeur d'eau et la conserve dans ses pores. Un autre fait se rattache encore

8

à la même propriété : le charbon de bois flotte sur l'eau, et cependant le carbone est plus lourd que l'eau à volume égal. Cela tient à ce que tout morceau de charbon de bois est en réalité comme imbibé d'air dans ses pores, ce qui l'allège notablement. Si l'on prend un morceau de charbon incandescent et qu'on le plonge dans l'eau en le maintenant plongé jusqu'à ce qu'il soit refroidi, le morceau de charbon ne revient plus flotter sur l'eau, parce que celle-ci a rempli ses pores et a remplacé l'air qui le soutenait et le faisait surnager.

Le pouvoir *désinfectant* du charbon poreux est une conséquence de son pouvoir absorbant. Les mauvaises odeurs que contractent certains liquides, et en particulier l'eau pourrie, tiennent à certains gaz qui se sont développés et que le charbon absorbe facilement. Disposez un filtre de papier dans un entonnoir, mettez-y une couche de charbon de bois ou de noir animal en poussière, puis versez de l'eau pourrie sur le filtre ainsi préparé. Le liquide que l'on récolte sous le filtre est redevenu limpide et a perdu toute mauvaise odeur et tout mauvais goût. C'est là un très bon procédé pour désinfecter et assainir l'eau des étangs ou des mares.

La viande enfouie dans du poussier de charbon ne se corrompt pas. Le poussier absorbe les gaz putrides dès qu'il s'en produit. On lave à l'eau fraîche la viande conservée pour la nettoyer du poussier qui l'entoure On désinfecte les fosses d'aisance en y jetant du charbon allumé. On peut employer le même moyen pour des caves, des puits infectés.

Quant au pouvoir *décolorant* du carbone, il en a été question lorsque nous avons parlé du noir animal.

CHAPITRE VII

L'ÉCLAIRAGE

§ 1. — LES MATIÈRES ÉCLAIRANTES

Certaines combustions se distinguent par la *flamme* qui se produit pendant que le corps brûle. Les matières qui brûlent avec flamme sont seules éclairantes. Nous choisissons, parmi les matières que nous pouvons nous procurer assez abondamment, celles dont la flamme a le plus vif éclat. Chacun sait que l'on s'éclaire à la *chandelle*, à la *bougie*, à l'*huile*, au *pétrole* ou au *gaz*. Je ne m'occupe pas ici de l'éclairage électrique, qui est encore à ses débuts et qui se fait par des procédés tout particuliers.

La chandelle et la bougie sont composées d'une mèche de coton entourée de suif brut ou converti en stéarine. Le suif est un mélange de graisse de mouton, de bœuf et de veau. Depuis 1825, MM. Gay-Lussac et Chevreuil ont indiqué le moyen d'extraire du suif un produit très analogue à la cire, et que l'on appelle *stéarine*. L'usage des bougies de stéarine se substitue de plus en plus à celui des chandelles de suif, mais, en somme, c'est toujours la combustion du suif, brut ou épuré, qui éclaire par sa flamme.

L'huile à brûler est le plus habituellement de l'*huile de colza*. On l'extrait à la presse des graines du colza, qui est une variété de chou. C'est l'huile à brûler qui sert dans l'éclairage à la lampe. Depuis le milieu du siècle actuel, une nouvelle matière éclairante s'est répandue rapidement; c'est le *pétrole*. Ce nom veut dire *huile de pierre* ou *huile minérale* (des mots latins *oleum*, huile, et *petra*, pierre). C'est, en effet, un liquide extrait du sein de la terre. Dans certaines contrées, soit aux environs du Caucase, soit aux États-Unis, il en existe de vastes nappes naturelles à une faible profondeur dans le sol.

Quant au gaz d'éclairage, il en sera question un peu plus loin.

Toutes ces matières employées pour l'éclairage sont essentiellement composées de *carbone* et d'*hydrogène;* on les appelle souvent pour cette raison *carbures d'hydrogène* ou *hydro-carbures*. Les corps gras, comme le suif, la stéarine, l'huile à brûler renferment en outre une petite proportion d'*oxygène;* ce sont des *hydro-carbures oxygénés*. Le pétrole, au contraire, ne contient que du *carbone* et de l'*hydrogène*. Nous verrons bientôt que le gaz d'éclairage est aussi un pur *carbure d'hydrogène*.

Ainsi nous nous éclairons en brûlant de l'*hydrogène* et du *carbone*. Nous verrons bientôt que l'un sert à aviver l'éclat de la flamme pâle que l'autre donne lorsqu'il brûle seul.

§ 2. — LA FLAMME

La plus simple des flammes est celle que produit un jet mince de gaz hydrogène lorsqu'on l'allume. On voit ci-contre l'appareil avec lequel on fait l'expérience. Cet appareil a été jadis désigné sous le nom, aujourd'hui assez bizarre, de *lampe philosophique;* cela voulait à peu près dire : lampe de savant. Lorsqu'on allume le jet de gaz *hydrogène,* il se combine avec l'*oxygène* de l'air, seulement à sa surface; car l'intérieur du jet ne contient que de l'hydrogène et aucune trace d'oxygène. La flamme de la lampe philosophique peut donc être comparée à un petit cône de gaz hydrogène, dont la surface est en feu. Cette flamme jette très peu d'éclat; elle est pâle et jaunâtre. Les diverses parties de cette flamme ne sont pas à la même température. Le centre de la flamme en est la partie la moins lumineuse; c'en est la moins chaude. Cela est naturel, puisque au centre de la flamme il n'y a pas de combustion. L'éclat lumineux se prononce sur les bords et particulièrement vers la pointe. C'est aux bords et surtout à la pointe que sont les parties les plus chaudes.

Fig. 21. — Flacon à gaz hydrogène dit *lampe philosophique.*

Si l'on introduit dans la flamme un corps solide non combustible, comme un fil du métal que l'on nomme le *platine,* ou un crayon de *craie* taillé en pointe, ou un fragment de *chaux* au bout d'une pince, il se fait un changement important. La flamme, pâle jusque-là, prend un vif éclat, dû à ce que le corps solide devient incandescent; il s'échauffe au rouge blanc. Cela démontre qu'une flamme a de l'éclat lorsqu'elle contient des particules solides chauffées par elle au rouge blanc.

Cette observation permet de s'expliquer pourquoi la flamme des hydro-carbures (composés d'hydrogène et de carbone) est brillante et propre à l'éclairage. La combustion qui la produit se fait aux dépens de deux corps, le gaz *hydrogène* et le *carbone* qu'ils renferment. De ces deux corps l'hydrogène est le plus prompt à brûler. Comme la combustion n'a lieu qu'aux bords de la flamme, tandis que l'hydrogène brûle complètement, le carbone, plus lent, ne brûle qu'en partie. Les particules de carbone non brûlées s'échauffent et deviennent incandescentes dans la flamme. Elles lui donnent son éclat.

Pour compléter et résumer cette étude de la flamme, nous allons examiner ce qu'on distingue en regardant avec soin celle d'une bougie. Plaçons la bougie allumée dans un endroit où la flamme soit bien calme. Elle se présente comme une petite pyramide de lumière; elle est arrondie vers le bas et s'élève en une pointe effilée. Au milieu de la partie la plus basse se voit l'extrémité de la mèche. Cette extrémité est surmontée d'une partie (A b) relativement plus obscure que le reste de la flamme. C'est l'intérieur, où rien ne brûle, et qui n'est pas lumineux parce qu'il n'est pas assez chaud. Autour de cette partie obscure brille une bande (b B) très éclatante. C'est là que le carbone qui n'a pas été brûlé, mais qui est très chaud, étincelle en particules incandescentes. En dehors de ce bord brillant on distingue un autre bord (C) lumineux aussi, mais beaucoup plus pâle. C'est la partie extérieure de la flamme, celle qui est en libre contact avec l'*oxygène* de l'air. Là tout brûle complètement, l'*hydrogène* et le *carbone;* il n'y a plus de particules solides. Cette partie est moins brillante et plus chaude. Au bas de la flamme s'aperçoit une couche bleuâtre (a a), parce que c'est la partie où la combustion se fait à la plus basse température; le *carbone*

Fig. 22. — Constitution de la flamme d'une bougie.

y produit, au lieu d'*acide carbonique*, de l'*oxyde de carbone*, et ce gaz brûle ensuite avec la flamme bleue qui le caractérise.

Pour rendre une flamme plus éclairante, il faut diminuer la partie centrale obscure. Pour y arriver, il faut laisser peu d'épaisseur à la flamme. Voilà pourquoi on a adopté, pour les lampes, les mèches circulaires, qui répartissent l'huile en une lame mince. La flamme prend la forme d'un tube à parois peu épaisses, et constitue une sorte de nappe lumineuse circulaire que l'air baigne en dehors et en dedans.

Un fil de fer mince placé dans la flamme d'une bougie démontrera la plupart de ces faits. Mettez-le d'abord au niveau de l'extrémité de la mèche, dans la partie large de la flamme. Le fil métallique reste obscur en sa partie moyenne; ce qui prouve qu'elle est relativement froide; mais il rougit en deux endroits, là où il traverse les bords lumineux de la flamme. On peut même remarquer qu'il est plus blanc, c'est-à-dire plus chaud, dans le bord pâle. Si on élève le fil dans la flamme peu à peu jusqu'à la pointe, on voit les deux points incandescents se rapprocher. Ils finissent par se confondre en un seul point qui devient d'un blanc éclatant. Le fil subit à la pointe de la flamme son plus grand échauffement. Quant à la présence des fines poussières de charbon dans la flamme des composés hydro-carbonés, rien n'est plus facile que de la vérifier.

Si l'on expose une lame de verre ou de porcelaine au-dessus de la flamme du gaz *hydrogène* pur, on ne recueille aucun dépôt de *noir de fumée*, mais seulement des gouttelettes d'*eau*. Chacun sait, au contraire, qu'avec une flamme de bougie ou une flamme de lampe il se produit un dépôt de *noir de fumée*, c'est-à-dire de très fine poussière de charbon.

Maintenant il est facile de répondre à une dernière question : Qu'est-ce que la flamme? C'est une masse gazeuse échauffée au point de devenir lumineuse.

On doit conclure de là qu'une combustion n'est accompaguée de flamme que lorsqu'elle fournit des produits gazeux. C'est la propriété importante, à ce point de vue, des carbures d'hydrogène et de beaucoup de matières végétales ou animales qui renferment beaucoup d'hydrogène et de carbone. Lorsqu'on les chauffe, il se dégage des gaz hydro-carburés. Ce sont eux qui, en s'oxydant, brûlent avec incandescence et constituent la flamme.

§ 3. — L'ÉCLAIRAGE AU GAZ

Avant même que les grandes découvertes de Lavoisier eussent permis de comprendre mieux la combustion, on avait remarqué que le bois, le charbon de terre, chauffés fortement en vase fermé, c'est-à-dire à l'abri de l'air qui les aurait consumés, fournissaient des produits gazeux susceptibles de brûler facilement avec une flamme blanche très brillante. En 1785, un ingénieur français, appelé Philippe le Bon (né vers 1755, mort en 1804), proposa de recueillir et d'employer à l'éclairage ces produits gazeux. C'est seulement en 1799 qu'il mit cette idée à exécution. Il se servit d'une grande caisse fermée, en fonte, où il chauffait du bois jusqu'à faire naître les gaz; c'est ce qu'on appelle *distiller* le bois. Cet appareil, qu'il appelait *thermolampe* (du mot grec *thermos*, chaleur, et du mot lampe), était combiné pour le chauffage et l'éclairage domestique. Le Bon recueillait et distribuait avec des tubes les gaz inflammables. Il les employait pour éclairer les appartements. Il utilisait d'une autre part la chaleur du fourneau pour le chauffage. Dans les habitations luxueuses des grands propriétaires ruraux de l'Angleterre on trouve aujourd'hui des appareils beaucoup mieux disposés que celui de le Bon, mais qui réalisent son idée. Le Bon fit d'ailleurs avec succès l'essai de la distillation de la houille, des graisses, au lieu du bois. Peu après il fonda à Paris une petite usine pour la production du gaz d'éclairage au moyen de la houille. Il échoua parce qu'il ne savait pas épurer son gaz, c'est-à-dire le débarrasser suffisamment des matières goudronneuses qu'il entraîne dans la distillation. Ce gaz impur donnait une flamme peu brillante, une fumée désagréable et une mauvaise odeur.

Cependant dès 1792 l'Anglais Murdoch avait entrepris à Londres des expériences analogues à celles de le Bon. En 1798, il parvint à établir un éclairage au gaz dans les ateliers du fameux inventeur et constructeur de machines à vapeur James Watt, près de Birmingham. La guerre isolait alors la France de l'Angleterre. On avait oublié chez nous la découverte de Ph. le Bon et l'on ignorait les succès de Murdoch. En 1802, celui-ci, pour contribuer aux réjouissances publiques à propos de la paix d'Amiens, organisa à Londres une fort belle illumination au gaz. L'opinion publique, en Angleterre, fut frappée de ce spectacle; dès 1805 l'éclairage au gaz fut adopté dans certains établissements et certaines villes. En 1812, Winsor, avec le secours d'une compagnie qu'il avait formée, fit l'entreprise de l'éclairage de la ville de Londres par le nouveau procédé.

Les événements militaires et politiques de 1814 et 1815 rétablirent nos relations avec l'Angleterre. Winsor, dès 1816, apporta sa nouvelle industrie à Paris. En 1817, il éclaira au gaz le passage des Panoramas, puis le Palais-Royal, le palais du Luxembourg et le pourtour du théâtre de l'Odéon. Pauwels créa en 1820 une autre société pour l'éclairage de plusieurs parties de la ville. Il se forma ainsi successivement jusqu'à huit compagnies; mais en 1853 elles opérèrent ensemble une fusion par laquelle fut constituée une entreprise unique sous le titre : *Compagnie parisienne d'éclairage et de chauffage au gaz.* Actuellement toutes les villes importantes de la France et de l'étranger sont éclairées au gaz.

§ 4. — LE GAZ D'ÉCLAIRAGE

Le gaz d'éclairage s'obtient, comme on l'a vu, par la distillation (chauffage en vase clos, à l'abri de l'air) du bois, de la houille, des matières grasses. Cette distillation se produit réellement par très petites quantités successives quand on s'éclaire avec une bougie ou une lampe. Lorsqu'on allume la mèche, la stéarine fond par la chaleur qui se développe. Elle monte dans la mèche, où l'accroissement de chaleur dû au voisinage de la flamme la décompose et fait dégager les gaz inflammables nécessaires pour alimenter celle-ci. Un phénomène analogue se produit dans une lampe allumée. D'après cela on peut dire que nous nous éclairons toujours au moyen du gaz. La bougie, la lampe sont de tout petits ateliers de distillation fournissant le gaz au fur et à mesure. L'usine à gaz le prépare en grand, l'emmagasine et le distribue sur divers points.

Quels sont donc ces gaz inflammables si employés autour de nous et qui nous rendent tant de services! — Les chimistes ont trouvé que le gaz d'éclairage est un *carbure d'hydrogène* renfermant plus des quatre cinquièmes de son poids de *carbone*. Ce gaz, appelé *hydrogène bicarboné* ou *bicarbure d'hydrogène*, est mêlé d'une certaine quantité de trois ou quatre autres gaz. Voici la composition moyenne du gaz de la Compagnie parisienne.

Sur 100 litres de gaz on trouve habituellement :

Hydrogène bicarboné.	67 à 68	litres
Hydrogène protocarboné. . . .	11	»
Hydrogène	12 à 11	»
Oxyde de carbone.	7 à 8	»
Azote	3	»

Le gaz d'éclairage s'obtient par la distillation de la houille. Voici les principaux traits de cette fabrication.

La première opération est la *distillation de la houille;* la seconde est l'*épuration du gaz;* la troisième, la *récolte* et la *distribution*.

La houille se distille dans de grands vases en terre cuite appelés *cornues*, qui sont plats d'un côté et arrondis de l'autre, en forme de demi-cylindres. Chaque cornue a une capacité de 1 hectolitre à 1 hectolitre et demi. On dispose ces vases par groupes de 5 à 7, que l'on nomme *batteries*, dans un fourneau en briques chauffé à la houille. Dans chaque cornue on met la houille concassée, sans la remplir complètement, parce que la houille, en distillant, se boursoufle, et le coke qui en résulte occupe plus de place qu'elle; puis on ferme hermétiquement la cornue avec une plaque en fonte ou en terre bien lutée. Chaque cornue possède, près de l'ouverture, un tube par lequel le gaz qui se produit se rend vers les appareils d'épuration. On chauffe ensuite les cornues au rouge cerise.

On préfère, pour fabriquer le gaz, les houilles grasses à longue flamme. Elles contiennent pour 100 grammes environ 84 de carbone, 6 d'hydrogène, 8 d'oxygène et d'azote, 2 de cendres (matières minérales incombustibles). Ces houilles donnent à peu près 250 mètres cubes de gaz par tonne.

J'ai indiqué plus haut la composition habituelle du gaz que l'on obtient; mais il ne sort pas des cornues en cet état. Il est souillé de matières huileuses, de goudron, d'acide carbonique, d'hydrogène sulfuré et d'ammoniaque qui lui donnent une odeur infecte, et divers sels d'ammoniaque.

La purification a pour objet de le débarrasser de ces diverses matières. Elle consiste à faire passer le gaz qui sort des cornues dans de l'eau, eau de condensation, qui le lave, et enlève une partie considérable du goudron et des sels d'ammoniaque. En même temps ce lavage refroidit le gaz. On lui fait ensuite traverser une certaine masse de coke concassé qui retient les dernières quantités de goudron et de sels ammoniacaux. Le gaz traverse ensuite une dissolution de sulfate de fer (couperose verte) ou de chlorure de manganèse (résidu de la fabrication du chlore). Ce nouveau

Fig. 23. — Une batterie de cinq cornues à gaz (A) avec son fourneau (E) et les tubes de dégagement (g) menant le gaz dans le collecteur (G).

traitement lui enlève l'hydrogène sulfuré, l'acide carbonique et l'ammoniaque. Il se forme dans la dissolution épuratrice du sulfate d'ammoniaque ou du sel ammoniac et un ou deux sels de fer ou de manganèse. Le sel d'ammoniaque ainsi formé est un produit marchand dont la valeur paye les frais de l'épuration. Enfin le gaz passe encore à travers des caisses de chaux éteinte, disposées en couches sur des tamis de

Fig. 24. — Coupe d'une cornue à gaz (A), du fourneau (EBF) et des tubes de dégagement (m H) menant le gaz dans le collecteur (n d).

fils de fer. La chaux retient tous les gaz acides, et particulièrement les derniers restes d'hydrogène sulfuré (acide sulfhydrique) et d'acide carbonique.

Dans les cornues où s'est faite la distillation de la houille il reste du *coke*, qui se vend très bien comme combustible, et dont la valeur rembourse les frais d'achat de la houille.

Le gaz épuré se récolte sous de grands appareils dont la vue seule annonce une usine à gaz ; c'est ce qu'on nomme les *gazomètres*. Un gazomètre se compose d'une grande cuve à eau, de forme circulaire, creusée dans le sol et revêtue d'un endroit cimenté de façon à ne pas laisser fuir l'eau. Un tuyau amène le gaz dans cette cuve. Pour le conserver, une autre cuve en tôle forte est suspendue, comme une vaste cloche renversée, au-dessus de la cuve à eau, et plonge dans l'eau par ses bords de façon à ne pas laisser pénétrer l'air extérieur. C'est une sorte d'éprouvette gigantesque. La capacité ordinaire d'un gazomètre n'excède pas 75,000 hectolitres.

Sous la cloche du gazomètre naît le tuyau de distribution, par lequel le gaz emmagasiné se répand peu à peu vers les becs, où les consommateurs le brûlent pour s'éclairer.

§ 5. — LES HYDROGÈNES CARBONÉS

En indiquant la composition du gaz, nous venons de nommer deux carbures gazeux d'hydrogène : l'*hydrogène bicarboné* et l'*hydrogène protocarboné*.

L'*hydrogène protocarboné* jouit d'une redoutable renommée. C'est lui qui se dégage spontanément de la houille dans les mines à charbon de terre, appelées *houillères*. Il se mêle à l'air des galeries d'exploitation, et le mélange qu'il forme ainsi détone violemment dès qu'on en approche un corps enflammé. Lorsque les ouvriers mineurs pénètrent dans une galerie ainsi infectée, ils y apportent nécessairement une lampe pour s'éclairer. Aussitôt une formidable explosion ébranlé la mine et foudroie les ouvriers. C'est le *feu grisou* des mineurs. Ses victimes se comptent par milliers, et souvent quelques centaines d'ouvriers ont péri dans une seule catastrophe.

Le même gaz se produit aussi naturellement dans la vase des marais. Aussi l'appelle-t-on souvent *gaz des marais*. Pour en recueillir, il suffit de prendre une carafe, un flacon, de le remplir d'eau et de l'élever au-dessus de la surface du marais, le fond en haut, et le goulot encore plongé sous l'eau. On place ensuite dans le goulot le tube d'un entonnoir dont l'ouverture est tournée vers le fond du marais. Enfin, on agite la vase au-dessous de l'entonnoir; on voit monter dans l'eau des bulles de gaz qui vont se récolter dans le flacon renversé. C'est de l'*hydrogène protocarboné* mêlé d'azote et d'acide carbonique.

Le *protocarbure* d'hydrogène ou *hydrogène protocarboné* est un gaz incolore, d'une odeur fade, peu agréable, mais peu intense. Il pèse environ moitié moins que le même volume d'air (poids spécifique : 0,556). Dans 100 grammes de ce gaz on trouve 75 grammes de carbone et 25 grammes d'hydrogène. Il est évident qu'il ne se dissout pas dans l'eau, puisqu'on peut le recueillir à travers l'eau des marais. Ce gaz n'entretient pas la combustion; mais il brûle dans l'air ou dans l'oxygène avec une flamme légèrement bleuâtre. Il se produit de l'*acide carbonique* et de l'*eau* en vapeur. L'hydrogène protocarboné ne peut entretenir la respiration; mais il n'exerce aucune action funeste sur nos organes lorsqu'on le respire mêlé à beaucoup d'air. C'est le célèbre physicien italien Volta (né à Côme en 1745, mort en 1826) qui a étudié ce gaz le premier, en 1788.

L'*hydrogène bicarboné* ou *bicarbure d'hydrogène* a été découvert en 1795 par quatre chimistes hollandais (Bondt, Deiman, Lauwerenburgh et Van Broostwyck). Aussi le nomme-t-on parfois *gaz des Hollandais*. Mais le nom le plus vulgaire qu'il porte est celui de *gaz oléfiant*, qui signifie gaz produisant une huile. C'est une allusion à une propriété de ce gaz reconnue dès l'origine par ceux qui l'ont découvert. Lorsqu'on mêle un certain volume d'*hydrogène bicarboné* avec un égal volume du gaz simple que l'on nomme *chlore,* les deux gaz se combinent entre eux à la température ordinaire, et l'on voit apparaître sur les parois de l'éprouvette qui contient le mélange des gouttes d'un liquide huileux connu sous le nom d'*huile des Hollandais*. Ce liquide, d'une odeur d'éther, est appelé par les chimistes modernes du *chlorure d'éthylène*. Pour des raisons que je ne puis donner ici, ils ont, en effet, remplacé le nom même d'*hydrogène bicarboné* par celui, encore peu vulgarisé, d'*éthylène*.

En tous cas, l'*éthylène* ou *hydrogène bicarboné* est un gaz sans couleur, qui répand une légère odeur d'éther. Il pèse à peu près autant que son volume d'air (poids spécifique : 0,97); 1 litre pèse 1 gramme 254. Pour dissoudre 1 litre de ce gaz il suffit de 6 litres d'eau. Aussi bien que l'hydrogène protocarboné, le bicarboné se liquéfie lorsqu'on le comprime très fortement.

Il brûle à l'air ou dans l'oxygène, avec une flamme brillante que chacun connaît, puisque c'est celle du gaz d'éclairage. La combustion produit de l'acide carbonique et de l'eau. Si l'on mêle de l'hydrogène bicarboné avec 8 fois au moins son volume d'air, on forme un mélange qui, lorsqu'on l'enflamme, produit une formidable explosion. Cette explosion est aussi forte que possible, si le mélange renferme 11 fois autant d'air que d'hydrogène carboné. Il se produit de l'acide carbonique et de la vapeur d'eau.

Cette propriété est extrêmement importante à connaître. C'est elle qui explique les explosions auxquelles donne assez souvent lieu le gaz d'éclairage. Si dans une pièce close on laisse un bec de gaz ouvert, bien que pas allumé, ou si l'un des tuyaux a quelque fente par laquelle se produit une fuite de gaz, il se fait dans la pièce un mélange de gaz et d'air. Dès qu'on entre avec une lumière dans cette pièce, le mélange fait explosion. L'odeur du gaz d'éclairage pourrait donner l'alarme, si, avant d'apporter une lumière, on pénétrait dans la pièce où l'air est ainsi vicié.

La préparation de l'hydrogène bicarboné pur mérite de fixer l'attention. On ne saurait l'obtenir, comme le gaz d'éclairage, en distillant la houille ou une matière grasse. On le tire d'un liquide qui provient de certains végétaux; c'est l'*esprit-de-vin* ou *alcool.* Ce liquide a pour éléments chimiques : *carbone,* environ 52 pour 100 de son poids; *hydrogène,* 13 pour 100; *oxygène,* près de 35 pour 100.

On chauffe avec certaines précautions un mélange d'*alcool* et d'*acide sulfurique.* Cet acide, qui est très avide d'eau, décompose l'alcool et lui prend de l'*hydrogène* et de l'*oxygène,* pour produire de l'*eau* avec laquelle il se combine. Il reste en surplus une certaine quantité d'*hydrogène* qui s'unit avec le *carbone,* et forme de l'*éthylène* ou *hydrogène bicarboné.*

Ce gaz contient, pour 100 grammes, 86 grammes environ de *carbone* et 14 grammes d'*hydrogène.*

§ 6. — LA LAMPE DE SURETÉ DES MINEURS

L'exploitation des houillères n'a pris son grand développement que dans le premier quart du siècle actuel. En même temps se sont multipliés les accidents qu'elle peut comporter, et particulièrement ceux du *feu grisou.* De 1812 à 1814, le nombre des victimes fut si grand en Angleterre que les propriétaires de houillères s'en émurent, et demandèrent au savant Humphry Davy de rechercher les moyens de conjurer de pareilles catastrophes. Il étudia longuement les conditions dans lesquelles l'*hydrogène protocarboné,* mêlé à l'air, peut s'enflammer, et il reconnut une propriété des toiles métalliques, à l'égard des flammes, qui lui permit de résoudre le problème qui lui avait été posé.

Cette propriété peut s'énoncer ainsi : *une toile métallique intercepte la flamme.* Deux petites expériences fort simples justifient cet énoncé.

Disposez dans un lieu calme, à l'abri des courants d'air, un bec de gaz allumé, une bougie ou une lampe. Prenez avec une pince un morceau de toile métallique ; glissez-le transversalement, de manière à couper en deux la longueur de la flamme, et tenez-le dans cette position. Il n'y a plus de flamme au-dessus de la toile métallique ; il n'y en a plus qu'en dessous. L'interposition de la toile a tellement refroidi la masse gazeuse, qu'elle cesse d'être lumineuse. On voit seulement, à la place de la moitié supérieure de la flamme, une fumée sombre qui s'élève. On peut enfin rallumer avec une allumette cette partie supérieure éteinte par la toile métallique.

Fig. 25. — Expérience où on allume un courant de gaz au-dessus d'une toile métallique.

Sur une flamme récemment éteinte, mais qui fume encore, ou dans un courant de gaz d'éclairage, placez, comme tout à l'heure, une toile métallique. Promenez au-dessus de cette toile une allumette enflammée et vous rallumerez la partie supérieure, mais non pas la partie qui est sous la toile. Élevez peu à peu la toile, la flamme disparaît, comme si la toile l'enlevait.

Humphry Davy imagina d'envelopper dans un tube de toile métallique la flamme de la lampe du mineur. Cette flamme, ainsi isolée, ne peut se communiquer au mélange explosible de la galerie. La lampe de sûreté, telle que la construisit Davy, avait le défaut de donner trop peu de lumière à cause de l'opacité de la toile métallique. Des perfectionnements nombreux ont été apportés à cet appareil. L'un des principaux est dû à Combes, ingénieur français des mines, qui enveloppa la flamme d'un tube dont la moitié inférieure est en verre et la moitie supérieure en toile métallique.

La lampe de sûreté conjurerait d'une façon complète les

Fig. 26.
Lampe de sûreté de H. Davy pour les mineurs

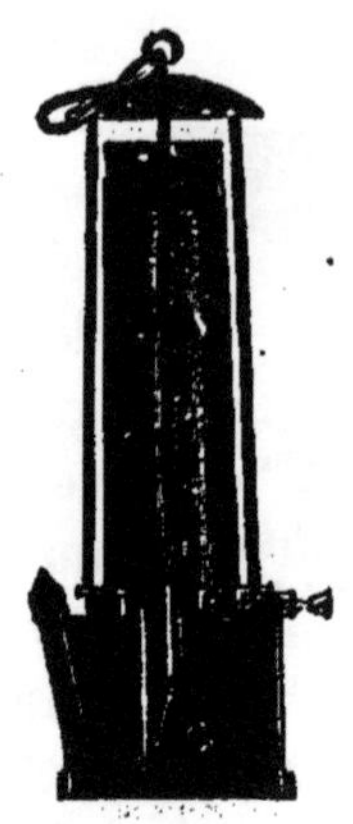

Fig. 27.
Coupe de la lampe de sûreté de H. Davy.

accidents du feu grisou si les ouvriers ne l'ouvraient jamais. Ils oublient trop souvent encore cette précaution indispensable. Trop souvent aussi la pipe d'un ouvrier rend inutile le service de la lampe de sûreté, et rouvre la porte à toutes les chances d'accidents.

CHAPITRE VIII

LES PRODUITS DE LA FABRICATION DU GAZ D'ÉCLAIRAGE

---

§ 1. — LA BENZINE ET LES COULEURS D'ANILINE

En résumé, la distillation de la houille qui se fait dans les usines à gaz donne quatre sortes de produits : le coke, le gaz d'éclairage, les sels ammoniacaux et le goudron. L'industrie tire maintenant un grand parti des sels ammoniacaux et du goudron.

Le *goudron de houille* est un liquide noir, d'une consistance huileuse, d'une odeur forte, spéciale. Il sort en vapeur, avec le gaz, de la houille qui distille, et il se condense dans les eaux où on lave le gaz pour l'épurer. Ce liquide n'est pas un corps défini; c'est un mélange de plusieurs corps composés de *carbone* et d'*hydrogène,* et qui bouillent et distillent à des températures différentes. Les plus importants de ces hydrocarbures sont : la *benzine* et le *phénol* ou *acide phénique.*

Le goudron, non soluble dans l'eau et plus lourd qu'elle, se sépare sans peine des eaux de condensation. On le recueille et on le soumet à la distillation. Il donne d'abord des liquides plus légers que l'eau qui flottent sur ce liquide; ce sont les *huiles légères*. En poursuivant la distillation, on obtient des liquides qui descendent au fond de l'eau où on les condense et qui, par conséquent, sont plus pesants qu'elle; ce sont les *huiles lourdes*.

Récoltées à part, les huiles légères qui bouillent entre 80° et 90° centigrades sont distillées plusieurs fois au bain-marie, c'est-à-dire en plaçant le vase qui les contient dans un bain d'eau chaude. On récolte les produits de la distillation, qui passent à la température de 81° à 86°. On les refroidit ensuite à 0°, température de la glace fondante. Il se forme dans le liquide refroidi une masse solide en beaux cristaux transparents et incolores; c'est de la *benzine* solidifiée. On l'isole facilement du liquide, et dès que sa température se relève elle fond, et prend l'état sous lequel tout le monde la connait.

La *benzine*, appelée aussi *benzol* ou *benzène*, est un liquide incolore, d'une odeur forte, que chacun a eu l'occasion de sentir. Elle se dissout dans l'alcool et l'éther, mais non pas dans l'eau. Le litre de benzine pèse seulement 850 grammes. La propriété qui l'a surtout fait connaître, c'est qu'elle dissout facilement les corps gras; aussi l'emploie-t-on communément pour enlever les taches de graisse. Mais son emploi exige de grandes précautions, car elle s'enflamme avec une extrême facilité, et l'eau ne l'éteint pas, parce qu'elle surnage. Il faut tamponner avec des étoffes de laine mouillée ou avec de la terre ou du sable humide. La vapeur de benzine, mêlée à l'air, fait explosion au contact d'un corps allumé; or elle dégage facilement des vapeurs. La benzine renferme, par 100 grammes, environ 92 grammes de carbone et 8 grammes d'hydrogène.

En traitant la *benzine* par l'*acide azotique fumant*, c'est-à-dire concentré (réduit à sa moindre proportion d'eau de constitution), on obtient la *nitrobenzine*, liquide jaunâtre, plus lourd que l'eau, ne bouillant qu'à 213° et doué d'une odeur bien moins forte que celle de la benzine. Cette odeur rappelle la cannelle et l'amande amère. On l'emploie en parfumerie sous le nom d'*essence de Mirbane*. La nitrobenzine, qui a des propriétés analogues à celles de la benzine, a sur elle l'avantage de sentir moins fort et d'émettre beaucoup moins de vapeur, ce qui diminue les chances d'incendie. Le grand usage de la nitrobenzine est la fabrication de l'aniline et des couleurs qui en dérivent. Elle a pour éléments chimiques du *carbone*, de l'*hydrogène*, de l'*azote* et de l'*oxygène*.

Pour fabriquer l'*aniline*, on traite la *nitrobenzine* par un poids d'*acide acétique* (acide de vinaigre) égal au sien, et même poids environ de limaille de *fer* non rouillée. Il se manifeste un dégagement abondant de gaz avec élévation de température; il reste un liquide que l'on distille; on en extrait ensuite, au moyen de l'éther, l'*aniline*, qui est encore purifiée avec du chlorure de calcium et distillée une dernière fois; la distillation donne alors de l'*aniline* pure.

L'*aniline* est un composé de *carbone*, d'*hydrogène* et d'*azote*. C'est un liquide incolore, dont l'odeur rappelle celle du vin, et qui possède une saveur âcre et brûlante. Elle a des propriétés vénéneuses. On l'a découverte en étudiant la composition de l'indigo, qui en langue portugaise se nomme *anil*. C'est l'origine du nom donné au nouveau corps. L'*aniline* se combine avec les acides comme le fait une base.

Traitée par l'*acide arsénique*, l'*aniline* donne une matière connue sous le nom de *fuchsine* ou *rouge d'aniline*. C'est un corps solide, d'un vert irisé, semblable à la couleur métallique des cantharides, des cétoines dorées. Il se dissout dans l'eau en formant un liquide d'un rouge magnifique. La *fuchsine* est un poison violent. On a éprouvé des inconvénients de l'usage habituel de bas teints avec cette substance. Les vins colorés à la fuchsine produisent des accidents qui ont dû en faire proscrire l'usage par mesure de police. Cette matière, appliquée sur la laine et la soie, produit une fort belle couleur rouge, très employée aujourd'hui. On a eu plus de peine à l'appliquer sur le coton; cependant on y a réussi.

L'acide arsénique transforme encore l'*aniline* en un autre composé appelé *rosaniline*. Cette substance, d'abord incolore, tourne au rose lorsqu'elle est exposée à l'air; puis elle devient d'un rouge de plus en plus foncé. Combinée avec divers acides, la rosaniline forme des sels semblables à la fuchsine, tous d'un vert doré lorsqu'ils sont solides. Dissous dans l'eau, ils donnent un liquide rouge dont la nuance varie selon l'acide employé. Berzélius (chimiste suédois né en 1779, mort en 1848), Guérhardt (né à Strasbourg en 1816, mort en 1856), Hoffmann (chimiste allemand contemporain), ont les premiers fait connaître les propriétés curieuses des composés d'aniline. En 1856, le chimiste anglais Perkin, en traitant le *sulfate d'aniline* par le *bichromate de potasse*, obtint le *violet d'aniline*, couleur vive et riche avec laquelle on teint aujourd'hui la laine, la soie et le coton. C'est en 1859 que M. Verguin, de Lyon, découvrit la fuchsine. D'autres chimistes, en très peu d'années, trouvèrent les autres rouges d'aniline, dont la teinture tire aujourd'hui tant de parti. Enfin MM. Girard et Delaire découvrirent que la fuchsine, traitée par des excédents d'aniline de plus en plus considérables, donne une série de corps violets de plus en plus foncés, et arrive enfin à un composé d'un bleu pur, qui est connu et employé sous le nom de *bleu d'aniline*. On obtient de la fuchsine même une série de *verts* qui ont doté l'industrie de nuances à peu près inconnues en teinture avant ces beaux travaux.

Cependant les couleurs d'aniline ont des défauts qu'il ne faut pas cacher. Elles sont peu solides. Les étoffes teintes avec ces matières les retiennent mal, de sorte qu'elles déchargent habituellement sur le linge blanc, surtout à la chaleur du corps. La lumière altère presque toutes les couleurs d'aniline;

elle les décolore peu à peu ou en modifie la nuance. Le succès des couleurs d'aniline tient donc spécialement à leur vivacité et à leur richesse de ton.

§ 2. — L'ACIDE PHÉNIQUE ET L'ACIDE PICRIQUE

Nous avons dit, au paragraphe précédent, que la distillation du goudron de houille, après une première période où elle donne des *huiles légères,* fournit, si on la continue, des *huiles lourdes* distillant à plus haute température. On recueille à part celles qui passent entre 180° et 190° centigrades; on les agite avec une dissolution concentrée de *potasse* ou de *soude* dans l'eau; il se produit dans le liquide une couche lourde, bien distincte au fond du vase. On décante le liquide supérieur pour ne garder que la couche du fond. On y ajoute un acide pour s'emparer de la partie de potasse ou de soude employée précédemment. Il surnage une couche huileuse qui est formée d'un liquide spécial appelé *phénol,* ou *acide phénique.*

Le *phénol,* lorsqu'il a été purifié, est un solide, incolore, cristallisé en longues aiguilles. Il fond à 35° et bout à 188°. L'eau en dissout une très petite quantité; mais il est très soluble dans l'alcool et dans l'éther. Abandonné à l'air, il se liquéfie promptement si celui-ci n'est pas très sec, parce qu'il absorbe les moindres traces d'humidité. Il exhale une forte odeur de goudron. Il a un goût caustique, et provoque sur la langue une sensation douloureuse. Il brûle la peau, les lèvres et l'intérieur de la bouche ou du nez. L'acide phénique contient, par 100 grammes, environ 77 grammes de carbone, 6 grammes et demi d'*hydrogène* et 16 grammes et demi d'*oxygène.*

On l'emploie beaucoup comme désinfectant, parce qu'il empêche les matières animales de se corrompre et leur enlève leur mauvaise odeur lorsqu'elles sont déjà putréfiées. On l'utilise aussi comme caustique, pour brûler les plaies ou les piqûres de mauvaise nature. On le vante aussi pour les maladies lentes de poitrine; on fait alors respirer aux malades son odeur, qui rappelle celle du goudron de sapin.

En traitant l'acide phénique par l'*acide azotique* concentré avec des précautions particulières, on obtient un composé beaucoup plus compliqué qui renferme de l'*azote* en outre du *carbone;* de l'*hydrogène* et de l'*oxygène*. C'est un corps solide, qui se présente en beaux cristaux d'un jaune citron; on le nomme *acide picrique* ou *acide carbazotique*. Le premier nom est dû à sa saveur amère (du grec *picros*, amer); le second fait allusion à sa nature chimique de *carbure d'hydrogène azoté*. Chauffé brusquement, il se décompose en produisant une détonation. Les sels qu'il produit en se combinant avec les bases sont en général des produits explosibles redoutables. Le choc suffit souvent pour les faire éclater. On connaît sous ce rapport le *picrate de potasse*, qui a produit plus d'un accident lamentable.

Une fraude coupable introduit parfois dans la bière une petite quantité d'acide picrique, pour lui donner l'amertume qu'elle doit tenir réellement du houblon.

L'acide picrique est employé dans la teinture pour colorer en jaune la laine et la soie. Il ne peut teindre ni le coton ni le lin.

Cet acide curieux a été découvert en 1788 par Haussmann. Welter, Laurent, Dumas, Liebig ont étudié ses propriétés. C'est Guinon (de Lyon) qui, en 1845, a commencé à l'employer dans la teinture.

§ 3. — LES MATIÈRES AMMONIACALES

Dans certaines contrées de l'Asie ou de l'Afrique, les populations, dépourvues de bois pour se chauffer ou pour alimenter leur foyer de cuisine, conservent la fiente des chameaux, la forment en briquettes et l'emploient comme combustible. Cette fiente, en brûlant, donne une suie que depuis plusieurs siècles on a coutume, en Égypte, de recueillir pour en extraire un corps blanc solide bien connu dans le commerce sous le nom de *sel ammoniac* (sel du désert d'Ammon). C'est, pour les chimistes, du *chlorhydrate d'ammoniaque* (acide chlorhydrique et ammoniaque).

Lorsqu'on chauffe dans un vase un mélange de *sel ammoniac* avec un poids égal de *chaux* vive (*oxyde de calcium*), il se dégage un gaz d'une odeur très caractéristique, et que l'on nomme *gaz ammoniac*. Si on veut le récolter à l'état gazeux, il faut le faire passer du ballon où il prend naissance dans une éprouvette à pied remplie de chaux vive concassée. Cela a pour effet de le dessécher. Il faut enfin le recevoir sur la cuve à mercure, dans une éprouvette pleine de mercure.

Le plus habituellement on se sert, non pas du gaz ammoniac, mais d'une dissolution aqueuse de ce gaz que l'on appelle *ammoniaque*. Il n'y a plus lieu, pour la préparer, de dessécher le gaz. Aussi dirige-t-on le tube de dégagement sortant du vase où le gaz ammoniac se forme dans une série de flacons où le gaz passe successivement. Chaque flacon contient une certaine quantité d'eau distillée. Le gaz ammoniac s'y dissout de proche en proche et y forme de l'*ammoniaque*.

L'industrie prépare ce produit d'une façon analogue; mais,

au lieu de prendre du sel ammoniac isolé et purifié, elle mélange simplement avec la chaux vive les eaux ammoniacales provenant de l'épuration du gaz. Ces eaux contiennent surtout du *carbonate* et du *sulfhydrate d'ammoniaque* (*acide carbonique, acide sulfhydrique* et *ammoniaque*). On emploie aussi au même usage les *eaux vannes* provenant de la vidange des fosses d'aisance. Elles sont principalement formées d'urine, et doivent à cette origine de contenir beaucoup de *carbonate d'ammoniaque.*

On peut facilement s'expliquer ce qui se passe quand on chauffe le mélange de chaux avec un sel d'ammoniaque tel que le carbonate ou le chlorhydrate. Le sel d'ammoniaque se décompose, et l'acide se combine avec la chaux pour former un *carbonate* ou un *chlorhydrate* (*chlorure de chaux* hydraté). Le gaz *ammoniac* est donc devenu libre, et il se dégage.

Longtemps on confondit les dissolutions aqueuses d'*ammoniaque* et de *carbonate d'ammoniaque*. L'Écossais Black (né en 1728, mort en 1799) les distingua le premier l'une de l'autre. Priestley, un peu plus tard, trouva le moyen d'obtenir le gaz ammoniac pur. Berthollet, en 1786, détermina sa composition.

§ 4. — LE GAZ AMMONIAC

Le *gaz ammoniac,* nommé aussi *esprit de sel ammoniac, alcali volatil,* est une combinaison d'*hydrogène* et d'*azote ;* 100 grammes de gaz ammoniac contiennent environ 82 grammes et demi d'*azote* et 17 grammes et demi d'*hydrogène.* On devrait le nommer *azoture d'hydrogène.* C'est un gaz incolore, doué d'une odeur piquante, âcre et désagréable, tout à fait caractéristique. Le poisson avancé, et particulièrement la raie, sent souvent l'ammoniaque. Il n'est pas rare que la cuvette des lieux d'aisance exhale cette odeur repoussante, qui pique les fosses nasales et les yeux et provoque le larmoiement. On ne peut essayer de respirer le gaz ammoniac sans en être suffoqué; il se produit une toux vive

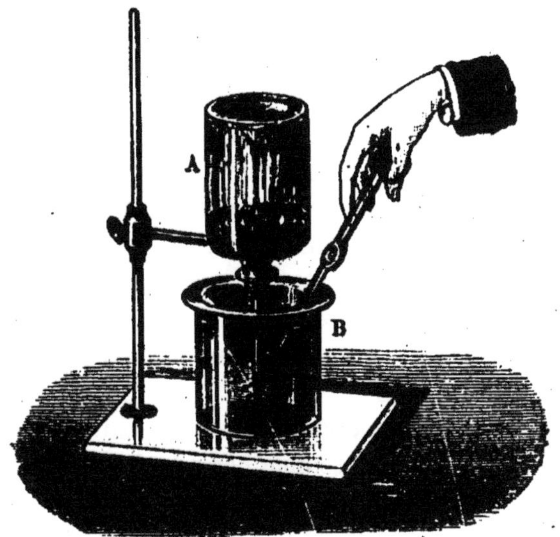

Fig. 28. — Un flacon d'ammoniaque fermé dont on ouvre le bec du tube sous l'eau se remplit d'eau brusquement, parce que le gaz se dissout dans l'eau.

et répétée. Il a d'ailleurs une action funeste sur l'organisme, il tuerait rapidement si on l'absorbait en une certaine quantité. Il produit des ophtalmies fréquentes chez les ouvriers vidangeurs. Quand on emploie de l'alcali volatil pour faire revenir à elles, par une vive excitation, les personnes évanouies, il faut se garder de tenir le flacon sous les narines du malade; on risquerait de l'asphyxier. Il faut simplement, par un léger mouvement alternatif de droite à gauche et de gauche à droite, passer et repasser le flacon sous le nez.

Le gaz ammoniac a une saveur chaude et âcre. Du reste il brûle légèrement la peau et les membranes; il y fait naître une rougeur inflammatoire. C'est ce que l'on nomme un *rubéfiant*, comme la farine de moutarde.

Il est notablement moins lourd que l'air (poids spécifique : 0,591) ; 1 litre de gaz ammoniac pèse 768 milligrammes ; un peu moins de $\frac{3}{5}$ du poids d'un litre d'air. On a pu le liquéfier et même le solidifier en cristaux blancs, transparents, qui n'exhalent plus qu'une faible odeur. C'est un des gaz les plus solubles dans l'eau. Il a pour ce liquide une véritable avidité, au point qu'une masse de gaz ammoniac disparaît instantanément lorsqu'elle entre en contact avec l'eau. Un litre d'eau, à la température 0°, peut dissoudre jusqu'à 1,000 litres de gaz ammoniac. A mesure que l'on élève la température de la dissolution aqueuse de gaz ammoniac, celui-ci s'en échappe en quantité de plus en plus grande. Il en résulte que l'*ammoniaque* s'affaiblit, ou s'évente, comme on dit, lorsqu'on laisse débouché le flacon qui la contient, surtout quand la température extérieure est élevée.

Si l'on plonge dans le gaz ammoniac un morceau de glace, il y fond rapidement. Le gaz semble hâter la fusion pour se dissoudre dans l'eau qui en provient.

L'*ammoniaque* des laboratoires des chimistes, de la pharmacie et des usages domestiques est la dissolution aqueuse de gaz ammoniac.

Ce gaz est incombustible dans l'air ; c'est avec peine qu'on allume un jet d'ammoniaque dans un flacon de gaz oxygène. Néanmoins un mélange gazeux de 3 litres d'oxygène avec 4 litres d'ammoniaque détone lorsqu'on l'enflamme. Il se produit du gaz azote et de la vapeur d'eau.

Le gaz ammoniac manifeste une grande tendance à se combiner avec les acides. Il en résulte des sels qui ont certaines analogies avec les sels de potasse et de soude. Ces trois catégories de sels portent le nom général de *sels alcalins*. L'ammoniaque a, en effet, toutes les propriétés caractéristiques des bases énergiques solubles (potasse et soude) nommées des *alcalis*. Il ramène vivement au bleu la teinture de tournesol rougie même par des acides forts. Il verdit énergiquement le sirop de violettes. Cette propriété permet de faire une expérience curieuse. Si l'on expose quelques instants au-dessus d'une dissolution d'ammoniaque un bouquet de violettes, les fleurs passent promptement du violet au vert. Cet ensemble de

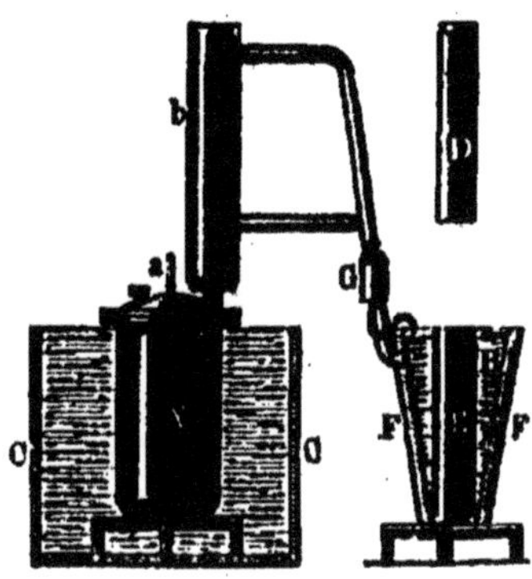

Fig. 20. — Appareil de M. Carré.

propriétés fait reconnaître dans ce corps un alcali gazeux, voilà pourquoi on l'appelle *alcali volatil*. Les sels d'ammoniaque sont tous solubles dans l'eau.

Les phénomènes naturels produisent très fréquemment de l'ammoniaque. Dans la décomposition des matières végétales, et surtout des matières animales, il se dégage de l'ammoniaque toutes les fois que ces matières contiennent de l'azote. L'urine des animaux, abandonnée librement à l'air, y transforme en *carbonate d'ammoniaque* l'*urée* qu'elle renferme. Quant aux sels d'ammoniaque, leur production n'est pas moins abondante, et diverses industries en donnent également.

L'ammoniaque a des usages multiples dans la teinture. C'est dans ce liquide que l'on dissout le carmin. Il sert à faire tourner au bleu ou au violet certains bains de couleur, ou certaines nuances appliquées sur soie ou sur laine. Les dégraisseurs s'en servent pour nettoyer les étoffes imprégnées de graisse ou pour faire disparaître les taches dues aux acides.

L'industrie des perles imitées, ou perles fausses, emploie l'ammoniaque pour dissoudre le blanc nacré tiré du poisson nommé *ablette*. Ce blanc de poisson, ainsi dissous et additionné d'un peu de colle de poisson, ou gélatine, est insufflé dans les globules de verre creux pour leur donner le nacré de la perle naturelle. On les remplit ensuite de cire pour leur donner du corps et du poids.

L'ammoniaque est d'un usage fréquent en médecine. Les vétérinaires l'emploient aussi. L'eau sédative de Raspail a pour base une solution d'ammoniaque.

Les appareils de M. Carré, pour produire le froid, sont fondés sur les propriétés et l'emploi de l'ammoniaque. En chauffant en A une dissolution aqueuse d'ammoniaque jusque vers 100°, il chasse le gaz ammoniac, qui se dégage dans un manchon F, lequel entoure le congélateur E, qui reçoit le vase D contenant de l'eau. Accumulé dans ce manchon, le gaz finit par s'y trouver comprimé au point de devenir liquide. Lorsqu'on cesse de chauffer la dissolution aqueuse, celle-ci, en se refroidissant, absorbe de nouveau le gaz ammoniac. La portion liquéfiée se volatilise et se dissout très rapidement. Il en résulte un refroidissement très prompt qui solidifie l'eau du congélateur.

CHAPITRE IX

LES AUTRES MÉTALLOÏDES ET LES ACIDES PRINCIPAUX

Trois acides énergiques jouent dans la chimie et dans l'industrie un rôle considérable. En première ligne, et de beaucoup au-dessus de tous les autres, il faut citer l'*acide sulfurique*, l'*huile de vitriol* des anciens chimistes. Puis viennent l'*acide azotique* ou *acide nitrique* et l'*acide chlorhydrique*, autrefois nommé *acide muriatique*. Avant d'aborder leur histoire, je parlerai d'un acide faible plus important à d'autres égards que les trois acides forts ; je veux dire l'*acide carbonique*.

§ 1. — L'ACIDE CARBONIQUE

Nous le connaissons déjà, ce gaz irrespirable, qui vicie l'air respiré par les hommes et par les animaux. C'est lui qui pétille dans l'eau de Seltz et dans le vin de Champagne mousseux ; c'est lui qui naît de la combustion du carbone dans l'air ou dans l'oxygène; c'est lui qu'absorbent et décomposent, à la lumière du jour, les parties vertes des plantes; c'est lui qui se dégage du foin qui s'échauffe, qui s'exhale de la fermentation des raisins, dans la fabrication du vin, et qui apparaît encore dans mille autres circonstances des plus communes.

Comme il naît de la combustion du bois, on l'a appelé jadis *esprit de bois*. Paracelse (au XVIe siècle) et plus tard Van Helmont (né à Vilvorde (Belgique) en 1618, mort en 1699) remarquèrent que dans certains cas la pierre calcaire (carbonate de chaux) laisse échapper un gaz, mais ils ne surent pas bien lequel. En 1755, l'Écossais Black démontra que ce gaz était le même qui provenait de la fermentation vineuse et de la combustion du bois. Lavoisier, en 1776, reconnut que ce gaz était composé de *carbone* et d'*oxygène*, ce qui l'amena quelques années plus tard à le nommer *acide carbonique*. Plus récemment le Suédois Berzélius, et enfin MM. Dumas et Stat, ont fait connaître rigoureusement sa composition. L'*acide carbonique* contient, pour 100 gr., environ 27 gr. de *carbone* et 73 gr. d'oxygène.

C'est un gaz incolore, à peu près sans odeur, mais d'une saveur aigrelette que l'on sent fort bien lorsqu'on boit pure de l'eau de Seltz artificielle. On a réussi à le liquéfier et même à le solidifier en le comprimant fortement en même temps qu'on le refroidit énergiquement. Liquide, il est incolore et s'évapore instantanément dès qu'on cesse de le comprimer. Solide, il a l'aspect de la neige. Le gaz acide carbonique pèse environ 1 fois et demie le poids du même volume d'air (poids spécifique 1,529); 1 litre de ce gaz pèse (à 0° et sous la pression barométrique $0^m,76$) 1 gr. 97. On peut le verser d'une éprouvette dans une autre comme on ferait d'un liquide.

L'acide carbonique se dissout dans l'eau litre pour litre. Si la pression est double, triple ou quadruple de celle de l'air, le litre de gaz dissous pèse autant que 2, 3 et 4 litres de gaz à la pression de l'atmosphère. C'est ce qui se présente dans les eaux de Seltz artificielles, dans les vins, les bières, les cidres mousseux. En fabriquant l'eau de Seltz, on y fait entrer de l'acide carbonique sous une pression égale à 5 à 6 fois celle de l'atmosphère. Chaque litre d'eau contient donc une quantité d'acide carbonique qui, si la bouteille était

Fig. 30. — Expérience où l'on verse du gaz acide carbonique de l'éprouvette A dans l'éprouvette B.

débouchée, prendrait le volume de 5 à 6 litres. De là le pétillement et l'effervescence de cette eau gazeuse lorsqu'on fait communiquer l'intérieur de la bouteille avec l'air extérieur. Les boissons fermentées mousseuses offrent un phénomène analogue. On met en bouteille et on bouche solidement du vin, de la bière, du cidre qui n'a pas achevé de fermenter. Ce liquide continue à produire dans la bouteille de l'acide carbonique qui n'a pas de place pour se dégager. Ainsi enfermé, le gaz reste dissous dans le liquide, dont chaque litre arrive à renfermer un poids de gaz capable, à l'air libre, d'occuper un volume de 9, 10, 12 litres. Dès que l'on débouche la bouteille, le gaz délivré bouillonne et soulève le liquide pour se dégager dans l'air.

Le gaz carbonique est acide. Si dans une éprouvette de ce gaz on agite un peu de teinture bleue de tournesol, elle se colore en rouge vineux. En outre ce gaz se combine très volontiers avec les bases; il a surtout une extrême tendance pour s'unir avec la *chaux*. Sa combinaison avec les bases forme des sels appelés *carbonates*, dont plusieurs ont

Fig. 81. — Expérience où l'on prouve que l'air expiré est riche en acide carbonique.

une grande importance en chimie. Comme l'acide carbonique est extrêmement répandu, les carbonates existent abondamment dans la nature. L'acide gazeux qui les forme a toujours une certaine tendance à abandonner ses combinaisons pour se dégager sous la forme de gaz. Les carbonates sont donc facilement décomposables. Les chimistes se servent habituellement de l'eau de chaux (dissolution de chaux dans l'eau) pour reconnaître l'existence de l'acide carbonique, et pour l'absorber dans certains cas. L'eau de chaux est, comme on dit en chimie, le *réactif* spécial de l'acide carbonique. Ainsi il est facile de démontrer, au moyen de ce liquide, que l'air qui a servi à la respiration et qui ressort de nos poumons contient de l'acide carbonique plus que l'air ordinaire. Au moyen d'un tube on expire l'air de la respiration dans un verre contenant de l'eau de chaux. Celle-ci se trouble et devient bientôt laiteuse.

Cette réaction présente une particularité remarquable. Si l'on prend de l'eau de Seltz artificielle, cette boisson si commune aujourd'hui, on a une simple dissolution d'acide carbonique dans l'eau. Verse-t-on dans de l'eau de chaux quelques gouttes d'eau de Seltz, l'eau de chaux se trouble et devient laiteuse. Si on la laisse reposer, on trouve au fond du vase une petite couche, un *précipité* d'une poudre blanche ; c'est du *carbonate de chaux*, formé par la combinaison de l'*acide carbonique* et de la chaux. Cela bien constaté, ajoutez de l'eau de Seltz, le précipité se dissout et l'eau de chaux redevient parfaitement transparente.

C'est que les carbonates en général, et particulièrement le carbonate de chaux, insolubles dans l'eau simple, se dissolvent dans l'eau qui contient de l'acide carbonique libre. L'eau de Seltz, riche en acide carbonique, a redissous elle-même le carbonate insoluble que quelques gouttes avaient suffi pour former.

§ 2. — LES INCRUSTATIONS CALCAIRES

Cette propriété se manifeste souvent dans la nature. Beaucoup d'eaux de sources contiennent en dissolution du gaz acide carbonique. A la faveur de ce gaz elles tiennent aussi en dissolution des quantités assez fortes de carbonate de chaux. A mesure que ces eaux coulent à l'air, elles laissent échapper l'acide carbonique. Elles perdent ainsi peu à peu leur aptitude à tenir dissous le carbonate de chaux. Il vient un moment où celui-ci se dépose et forme des concrétions calcaires dont les exemples sont extrêmement fréquents. C'est à ce genre de phénomène que se rapportent les propriétés incrustantes de la fontaine de Saint-Allyre à Clermont (Puy-de-Dôme) ; de celles de Gimeaux, près de Riom (Puy-de-

Dôme); de Saint-Nectaire, entre Issoire et le mont Dore (Puy-de-Dôme). Plus communément encore ces eaux ainsi chargées de carbonate de chaux, dans les cavernes où elles suintent de la voûte pour tomber goutte à goutte sur le sol, forment ce que l'on nomme les *stalactites* et les *stalagmites* (mots tirés du verbe grec *stalazein*, suinter). Les stalactites sont les incrustations allongées suspendues à la voûte de la caverne que l'eau, en perdant peu à peu son acide carbonique, a formées avant sa chute, tandis qu'elle demeurait suspendue au ciel de la grotte. Les stalagmites sont les incrustations à plus large base que l'eau accumule au point où elle vient tomber goutte à goutte. Comme l'eau tombe sous l'empire de la pesanteur, suivant la ligne verticale, chaque stalactite a au-dessous d'elle une stalagmite qui lui correspond. Si l'eau incrustante vient abondamment, l'incrustation s'accroît rapidement, la stalactite et la stalagmite augmentent et avancent l'une vers l'autre. A un certain moment elles se rejoignent et forment un pilier naturel, une colonne que l'eau continue à faire croître en épaisseur, parce qu'elle coule en nappe mince à sa surface. Un grand nombre de grottes doivent à ce phénomène une riche et bizarre ornementation qui les a rendues célèbres. Je puis citer, en France, les grottes d'Auxelles ou d'Osselle et de Quingey (Doubs), de Bevigny (Jura), d'Arcy-sur-Cure (Yonne), d'Échenoz-la-Méline (Haute-Saône), de Sassenage (Isère), de Notre-Dame de la Balme (Isère), de Presque (Lot), de Cluseau (Dordogne), des Fées ou des Demoiselles (Hérault), de Lunel (Hérault), de Saint-Dominique, près de Castres (Tarn). L'île d'Antiparos, dans l'archipel grec, possède la plus renommée des grottes à stalactites.

Une autre grotte située près de Naples en Italie est célèbre, sous le nom de *grotte du Chien*, à cause d'un autre phénomène dû aux propriétés de l'acide carbonique. Ce gaz est, comme il a été dit, plus lourd que l'air, et il est d'ailleurs irrespirable. Il en résulte qu'un animal plongé dans ce gaz y est bientôt asphyxié. Il n'est pas rare, surtout dans les pays voisins des volcans, que les fissures du sol exhalent de l'acide carbonique. La grotte du Chien a le sol déprimé et notablement au-dessous du trou par lequel on y entre. Le sol est sillonné de fentes par lesquelles se dégage de l'acide carbonique. Comme il est plus lourd que l'air, il forme dans le bas de la caverne une couche qui s'arrête au niveau du trou d'entrée. Les hommes qui y pénètrent ne s'aperçoivent pas de l'existence de cette couche, parce que leur tête s'élève assez haut pour qu'ils respirent l'air pur. Mais un chien de moyenne taille se trouve baigné dans la couche irrespirable et y est assez promptement asphyxié.

Du reste, si l'on se souvient que ce gaz est acide, on imaginera sans peine un moyen d'assainir un espace où s'est répandu de l'acide carbonique. Il suffira d'y introduire un vase contenant de l'ammoniaque, une solution de potasse ou une solution de soude. Ces bases absorbent rapidement l'acide carbonique pour le transformer en carbonate.

§ 3. — L'OXYDE DE CARBONE

L'acide carbonique est complètement incombustible. On ne peut l'enflammer par aucun moyen. Mais il s'altère en présence du charbon chauffé au rouge. Si l'on fait passer un courant d'acide carbonique dans un tube de porcelaine contenant des fragments de charbon et chauffé au rouge à l'aide d'un fourneau à réverbère, on recueille comme résultat de l'opération un gaz incolore comme l'acide carbonique; mais ce gaz n'est pas acide et il est inflammable. Il brûle avec une belle flamme bleue et se transforme en acide carbonique. Ce gaz nouveau est de l'*oxyde de carbone*. Il renferme moitié moins d'*oxygène* que l'acide carbonique pour le même poids de *carbone*. Aussi est-il capable de se combiner avec une nouvelle quantité d'oxygène; c'est ce qu'il fait en brûlant, et il passe à l'état d'acide carbonique. L'*oxyde de carbone* est un gaz non seulement irrespirable, mais particulièrement vénéneux. C'est lui qui provoque les accidents mortels de l'asphyxie dite par le charbon. Ce gaz se produit, en effet, très facilement toutes les fois que du charbon brûle en grande masse avec une quantité trop restreinte d'oxygène. Dans ce cas, la portion du charbon qui brûle produit de l'acide carbonique; mais la portion du charbon qui ne peut brûler décompose l'acide carbonique en lui enlevant la moitié de son oxygène, et il se forme de l'oxyde de carbone par décomposition de l'acide carbonique et par oxydation incomplète du charbon. Ce phénomène se révèle dans les fourneaux de charbon de bois encore mal allumés; les flammes bleues que l'on y aperçoit sont dues à la combustion de l'oxyde de carbone. Il faut donc redouter particulièrement les feux de charbon insuffisamment aérés (ou qui tirent mal, comme on dit vulgairement). Ce sont eux qui donnent des malaises dans des chambres trop petites où l'air se renouvelle mal; tout est dû à peu près à l'oxyde de carbone qui se produit dans ces conditions. C'est Priestley qui a le premier constaté l'existence de l'oxyde de carbone; l'Écossais Cruiksank (né en 1746, mort en 1802) a étudié ses propriétés et sa composition.

On se procure habituellement l'acide carbonique en décomposant le carbonate de chaux au moyen d'un acide énergique. Dans un flacon l'on introduit de la craie ou du marbre blanc en fragments, et de l'eau destinée à dissoudre le nouveau sel qui va se former. On verse une petite quantité d'acide sulfurique. Aussitôt se produit une *effervescence;* le liquide semble bouillir et des bulles nombreuses naissent à la surface des fragments calcaires. C'est l'*acide carbonique* gazeux qui se dégage. La craie et le marbre blanc sont du *carbonate de chaux* plus ou moins pur; ils ont donc été décomposés.

L'*acide sulfurique*, plus énergique que l'acide carbonique et plus fixe que lui, puisqu'il n'est pas gazeux, a pris sa place et s'est combiné avec la chaux pour former du *sulfate de chaux*.

§ 4. — LA FABRICATION DE L'ACIDE AZOTIQUE

L'acide azotique est un des corps anciennement connus en chimie et en alchimie. Dès le commencement du IXe siècle, un alchimiste arabe, nommé Geber par les chrétiens, indique dans plusieurs recettes l'emploi du puissant réactif que nous nommons aujourd'hui l'*acide azotique*, et qu'il appelait *eau dissolvante*. Au XIIe siècle, Albert le Grand fit connaître plusieurs de ses propriétés. Raymond Lulle, au siècle suivant, indiqua une méthode pour le fabriquer et lui donna le nom d'*eau-forte*. C'est seulement en 1784 que Cavendish reconnut sa composition; Gay-Lussac, en 1816, la détermina exactement d'une façon définitive. Lavoisier lui avait donné le nom d'*acide nitrique*, parce qu'on le tire de la substance saline appelée *nitre*. Aujourd'hui que sa composition est bien connue, on préfère lui donner le nom d'*acide azotique*. Le *nitre* est de l'*azotate de potasse*.

La fabrication de l'acide azotique est une grande industrie chimique; car ses usages sont très nombreux. On l'extrait de l'*azotate de potasse* ou de l'*azotate de soude*. On met l'une ou l'autre de ces deux matières dans des cylindres en fonte placés horizontalement, au nombre de six, dans un fourneau en briques. Chacun de ces cylindres est pourvu d'un conduit par lequel doit se dégager l'acide azotique en vapeur. Un entonnoir placé à l'autre extrémité sert à verser de l'*acide sulfurique* lorsque l'azotate est convenablement chauffé, puis on y adapte un bouchon bien luté. Les vapeurs d'*acide azotique* se produisent et sont dirigées par le conduit de dégagement dans une série de bonbonnes (vases en terre à trois goulots ou *tubulures*) qui contiennent de l'eau et condensent ces vapeurs. On emploie aussi, en guise de cylindres, une grande cuve en fonte, chauffée par un fourneau et pourvue d'un couvercle que l'on peut luter. Un tuyau de fonte mène les vapeurs d'acide azotique dans la première des bonbonnes.

L'opération chimique d'où sort l'acide azotique en vapeurs peut se comprendre sans peine. L'*azotate de potasse* ou de *soude* est composé d'un acide (*acide azotique*) et d'une base (*potasse* ou *soude*). L'*acide sulfurique* prend la place de l'*acide azotique* qui se dégage à l'état de vapeurs, et il se produit du *sulfate de potasse* ou du *sulfate de soude*, au lieu de l'*azotate*.

L'acide azotique recueilli dans les bonbonnes est d'une couleur jaune. Il la doit à ce qu'il contient une certaine quantité d'un composé d'azote moins oxygéné (*acide hypoazotique*). On le purifie et on le décolore en le chauffant un peu moins qu'il ne faut pour le faire bouillir. L'acide hypoazotique se dégage hors du liquide, puisque c'est un gaz, et l'acide azotique perd sa coloration jaune.

Ainsi fabriqué, l'*acide azotique* contient toujours de l'eau. C'est de l'*acide azotique hydraté*. On distingue, dans les industries chimiques, l'*acide azotique concentré* ou *fumant* et l'*acide azotique ordinaire*.

§ 5. — LES PROPRIÉTÉS DE L'ACIDE AZOTIQUE

L'*acide azotique ordinaire* renferme beaucoup d'eau; 100 grammes de cet acide sont composés comme il suit : azote, 15 grammes et demi; oxygène, 44 grammes et demi; eau, 40 grammes. C'est un liquide incolore, d'une odeur piquante, désagréable; il pèse 1 kilogramme 42 par litre;

il bout à 123°. Avec le temps il reprend une coloration jaune, parce qu'il s'y reforme un peu d'acide hypoazotique.

L'*acide azotique concentré*, un peu moins usité que l'autre, est un liquide jaunâtre qui répand à l'air des fumées blanchâtres. Elles sont dues à son avidité pour l'eau. Il s'empare de la vapeur d'eau contenue dans l'air et la condense. L'acide concentré ne renferme que 14 pour cent d'eau; 100 grammes d'acide azotique concentré contiennent : azote, 22 grammes; oxygène, environ 64 grammes; eau, 14 grammes. Il pèse 1 kilogramme 52 et il bout à 86°. Les chimistes désignent habituellement l'*acide azotique concentré* ou *fumant* sous le nom d'*acide azotique monohydraté* (du grec *monos*, un seul), tandis qu'ils nomment l'*acide azotique ordinaire acide azotique tétrahydraté* (du grec *tettarès*, quatre).

Quelle que soit la proportion d'eau qu'il contient, l'acide azotique est toujours un acide d'une grande énergie. Il fait très vivement tourner la teinture bleue de tournesol au rouge pelure d'oignon. Il montre une extrême tendance pour se combiner avec les bases, et il forme des sels nommés *azotates*, tous solubles dans l'eau. Non content de rechercher les bases lorsqu'elles sont libres de toute combinaison, il les enlève même aux sels où elles sont combinées avec des acides moins énergiques. Ainsi l'acide azotique décompose les *carbonates* en donnant lieu à un dégagement abondant de gaz *acide* carbonique, et en formant un *azotate* au lieu du carbonate décomposé. Ces propriétés d'acide énergique ne sont pas les seules que l'on utilise en lui. Il en possède d'autres qui ont pour principe sa facilité à se décomposer et à laisser dégager de l'*oxygène*. C'est un point sur lequel il faut insister.

L'acide azotique que nous venons d'étudier est en réalité une combinaison d'*acide azotique* avec de l'*eau*. L'*acide azotique anhydre* (privé d'eau), qui n'a aucun usage, est un corps solide en cristaux incolores et transparents. Il ne renferme absolument, pour 100 grammes de son poids, qu'environ 26 grammes d'*azote* et 74 grammes d'*oxygène*.

L'acide azotique est le composé oxygéné d'azote le plus riche en oxygène; mais il en abandonne facilement une partie. Il passe alors à l'état d'*acide hypoazotique*. Dans ce cas un cinquième de l'*oxygène* qui était uni à l'*azote* est mis en liberté. L'acide azotique, dans cette décomposition, peut donc provoquer un phénomène d'*oxydation;* voilà pourquoi on le cite souvent comme un *agent d'oxydation*, comme un corps *oxydant*. Lorsqu'un composé oxygéné se dépouille ainsi d'une partie de son oxygène, on a coutume de dire qu'il se *réduit*. La transformation de l'*acide azotique* en *acide hypoazotique* est un phénomène de réduction. Cette réduction s'annonce par l'émission d'abondantes fumées d'un rouge rutilant qui ne sont autre chose que des vapeurs d'*acide hypoazotique*. On les désigne sous les noms de *vapeurs nitreuses, vapeurs rutilantes*. Elles fournissent un indice précieux de la décomposition de notre acide. L'*acide azotique* concentré est le plus décomposable. Lorsqu'on le distille plusieurs fois, il ne tarde pas à produire des vapeurs nitreuses. Exposé longtemps à la lumière, il jaunit et des vapeurs nitreuses flottent à sa surface. Enfin, chauffé au rouge dans un tube de porcelaine, un courant de vapeur d'*acide azotique concentré* se transforme totalement en *acide hypoazotique*.

L'*acide azotique ordinaire* résiste mieux; mais chauffé en présence du charbon, du soufre, de l'arsenic, du phosphore, il dégage des flocons de vapeurs rutilantes. L'acide abandonne donc une partie de son oxygène; il le cède au corps simple mis à chaud en sa présence et qui s'oxyde dans cette réaction.

Mis en présence des métaux, il les oxyde pour la plupart en subissant une décomposition partielle; le reste de l'acide s'empare de la base métallique qui résulte de l'oxydation et forme un azotate avec elle. Le cuivre ainsi attaqué donne une très belle réaction; il y a vive effervescence, sous un nuage rouge de vapeurs d'acide hypoazotique on voit naître dans le liquide un corps bleu qui est de l'azotate de cuivre.

L'acide azotique est un caustique et un poison violent. Il tache en jaune les matières animales, la laine, la soie, la peau, le cuir, le parchemin.

Les usages de l'acide azotique sont tellement nombreux que la France en consomme actuellement chaque année environ 5 millions de kilogrammes. Un de ses principaux usages est la fabrication de l'acide sulfurique.

§ 6. — LE PROTOXYDE D'AZOTE

Nous connaissons déjà deux combinaisons de l'*azote* avec l'*oxygène*. Il en existe encore trois autres, que l'on nomme *acide azoteux*, *bioxyde d'azote* et *protoxyde d'azote*. Pour bien connaître les degrés relatifs d'oxydation de ces cinq combinaisons, supposons que dans chacune d'elles il entre une quantité constante de 14 grammes d'azote. Dans cette supposition, voici la composition de chacun de ces oxydes d'azote :

	Azote.	Oxygène.
Acide azotique (anhydre). . .	14 gr.	40 gr.
Acide hypoazotique	14	32
Acide azoteux	14	24
Bioxyde d'azote.	14	16
Protoxyde d'azote.	14	8

Il est facile de voir que, dans cette série de combinaisons, le poids de l'azote étant supposé fixe, celui des proportions d'oxygène décroît comme la série des nombres 5, 4, 3, 2, 1.

Le *protoxyde d'azote* mérite d'être signalé au milieu des autres corps de cette famille d'oxydes. C'est un gaz qui entretient la combustion un peu plus faiblement que l'oxygène pur; mais cette propriété n'est qu'apparente. Il la doit à ce qu'il dégage de l'oxygène en se décomposant au contact du corps en combustion. Mais ce n'est pas là sa plus curieuse propriété. Humphry Davy, qui étudia en 1799 le protoxyde d'azote, découvert sept ans auparavant par Priestley, constata que ce gaz entretient la respiration, au moins un certain temps; mais il en éprouva une sorte d'enivrement joyeux qui l'engagea à le nommer *gaz hilariant* (du latin *hilaris,* gai). Il ressentit en même temps un affaiblissement marqué de la sensibilité. Depuis on a reconnu, en effet, que les personnes qui ont respiré du protoxyde d'azote perdent momentanément la faculté de sentir la douleur. C'est donc un *anesthésique* (suspendant la sensibilité) comme l'éther et le chloroforme. Les chirurgiens et surtout les dentistes en ont fait usage pour épargner aux patients les douleurs des opérations.

§ 7. — LE SOUFRE

Chacun connaît un corps solide d'un beau jaune clair, qui se rencontre tantôt en poussière fine et légère, appelée *fleur de soufre;* tantôt en bâtons courts et épais : c'est le *soufre en canon.* Le *soufre* est un corps simple, deux fois aussi pesant que l'eau sous le même volume. Il fond à 111° et se vaporise à 400°. Ce corps est insoluble dans l'eau, mais il se dissout dans l'essence de térébenthine et dans le *sulfure de carbone,* qui, comme l'indique son nom, est un composé de *soufre* et de *carbone.*

Le soufre s'allume et brûle facilement avec une flamme bleuâtre, assez pâle dans l'air, mais brillante dans l'oxygène. Cette combustion produit des vapeurs d'une odeur piquante et qui provoque une toux répétée : ce sont des vapeurs d'*acide sulfureux.*

Nous allons voir tout à l'heure par quels moyens cet acide peut absorber lui-même une nouvelle quantité d'oxygène et se changer en *acide sulfurique,* ce type des acides forts, cet agent des industries chimiques. Outre l'acide sulfurique, le soufre forme encore beaucoup de composés importants : l'*acide sulfhydrique* ou *hydrogène sulfuré* (*hydrogène* et *soufre*), le *sulfure de carbone* (*carbone* et *soufre*), beaucoup de *sulfures* métalliques et principalement la *pyrite de fer* ou *bisulfure de fer*, qui est une combinaison du *soufre* avec le *fer* très commune dans la nature. Enfin il entre naturellement dans la constitution des *sulfates*, qui sont les sels dérivés de l'*acide sulfurique;* or beaucoup de ces sulfates sont d'un usage important. Le plâtre est un *sulfate de chaux;* le vitriol vert ou couperose verte est un *sulfate de fer;* le vitriol bleu, *un sulfate de cuivre*, et le vitriol blanc, *un sulfate de zinc*. Le sel purgatif appelé *sel de Glauber* est un *sulfate de soude;* le *sel* purgatif de *Sedlitz* est un *sulfate de magnésie*. Enfin l'alun est un *sulfate d'alumine* et de *potasse*.

Le soufre se trouve assez abondamment dans la nature à l'état de corps simple non combiné; c'est ce qu'on nomme le *soufre natif*. C'est autour des volcans et dans certains pays, où les accidents volcaniques se produisent depuis longtemps, que l'on trouve des dépôts de soufre. L'Italie et la Sicile en possèdent beaucoup. Les dépôts de soufre natif sont appelés en Italie et en Sicile *solfatares*, c'est-à-dire soufrières. Ce nom est appliqué même aux dépôts de soufre natif de plusieurs autres pays. L'exploitation du soufre naturel est assez simple. On fond et on distille le soufre natif dans des vases fermés (l'accès de l'air ferait brûler le soufre) chauffés à 400°, au moyen d'un fourneau commun qui en renferme deux séries juxtaposées. (Voir la figure ci-contre.) Le soufre recueilli par condensation de la vapeur de soufre est du *soufre brut;* il contient encore de 3 à 10 pour 100 de son poids de menues matières terreuses. Une seconde distillation le purifie complètement et donne à volonté le *soufre en fleur* ou le *soufre en canons*. Si, dans la pièce où vient se condenser la vapeur, on en laisse pénétrer une petite quantité, les murs de cette pièce ne s'échauffent pas et la vapeur de soufre s'y dépose en fleur; c'est une sorte de neige de soufre. Mais si on laisse arriver la vapeur abondamment, les murs s'échauffent, le soufre se dépose liquide à leur surface et coule vers le plancher, où il est recueilli dans des moules. Là il se solidifie en bâtons appelés *canons*.

Le soufre a des usages assez nombreux. D'abord il sert

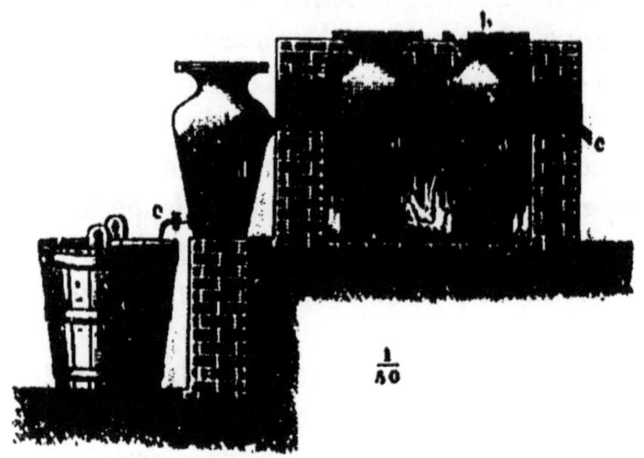

Fig. 32. — Coupe du fourneau à épuration du soufre natif.
aa, vases couplés où l'on fond le soufre naturel. — *d*, vase où s'écoule et se condense la vapeur de soufre.
e, robinet qui déverse le soufre liquide pour le faire solidifier.

à fabriquer l'acide sulfurique. On l'emploie à sceller le fer dans la pierre. La fabrication des allumettes et la vulcanisation du caoutchouc sont les industries qui en consomment le plus. Depuis plusieurs années on combat la maladie de la vigne connue sous le nom d'*oïdium* (c'est le nom du petit champignon qui la produit) avec des insufflations de fleur de soufre faites à l'aide d'un soufflet spécialement disposé pour cet usage. C'est ce qu'on nomme le *soufrage*.

§ 8. — L'ACIDE SULFUREUX

L'odeur du soufre qui brûle est celle de l'*acide sulfureux*. Libavius, à la fin du XVIe siècle, reconnut que cette odeur est celle d'un corps particulier produit dans la combustion. Il lui donna le nom d'*esprit acide de soufre*. C'est dans le premier quart du siècle actuel que Gay-Lussac et Berzélius ont fait connaître sa composition exacte; mais Lavoisier lui avait déjà donné le nom d'*acide sulfureux*.

C'est un gaz incolore doué de l'odeur suffocante que chacun connaît. Il se liquéfie facilement par le refroidissement. Un litre d'eau dissout 50 litres de ce gaz. On se sert souvent, en chimie, de cette dissolution sous le nom d'*acide sulfureux*. Ce gaz n'est d'ailleurs pas combustible et n'entretient pas la combustion; il n'est pas respirable. La chaleur la plus intense ne le décompose pas.

L'acide sulfureux est surtout employé, outre la fabrication de l'acide sulfurique, pour décolorer les tissus et les blanchir. Il possède, en effet, un pouvoir décolorant remarquable. Il suffit d'introduire des violettes dans une éprouvette de gaz acide sulfureux pour voir les fleurs tourner au blanc. Pour blanchir la laine qui a été *désuintée*, c'est-à-dire dépouillée de sa graisse naturelle, on la suspend dans une chambre où l'on brûle du soufre. On opère de même avec la soie. On blanchit encore à l'acide sulfureux les plumes, la paille tressée en chapeaux, la baudruche, la flanelle qui a été lavée, etc. On purifie par la combustion d'une mèche imprégnée de soufre les tonneaux à vin et à bière, les blés qui menacent d'être attaqués par les insectes. On enlève facilement les taches de jus de fruit sur les étoffes en brûlant du soufre sous un cornet de papier renversé ouvert à son sommet. On a ainsi un jet de gaz acide sulfureux sur lequel on place la partie tachée après avoir eu soin de la mouiller, puis on lave à grande eau la partie détachée. Ce procédé ne peut s'employer sur des étoffes teintes de certaines nuances sans altérer en même temps la couleur.

On a souvent recours à l'acide sulfureux pour éteindre les feux de cheminée. On jette du soufre dans le foyer, on l'allume et on bouche l'ouverture de la cheminée avec un drap mouillé. Le soufre absorbe, en brûlant, l'oxygène de l'air que la cheminée contient, et celle-ci est bientôt remplie de gaz acide sulfureux, qui n'est pas combustible et qui n'entretient pas la combustion.

Le gaz acide sulfureux pèse environ 2 fois un quart au-

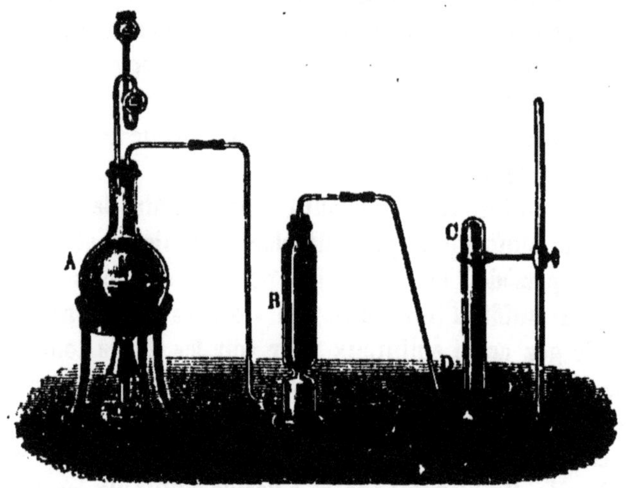

Fig. 83. — Disposition de l'appareil où l'on prépare du gaz acide sulfureux.

tant que son volume d'air (poids spécifique : 2,234). Il contient, pour 100 grammes, 50 grammes de soufre et 50 grammes d'oxygène.

L'*acide sulfurique* chauffé avec un métal (cuivre ou mercure, par exemple) perd une partie de son oxygène et se transforme en *acide sulfureux*. C'est par cette réduction de l'acide sulfurique en présence d'un métal chauffé que les chimistes, dans leurs laboratoires, préparent l'acide sulfureux.

§ 9. — La fabrication de l'acide sulfurique

Dès le VIIIe siècle, un alchimiste arabe, appelé par les chrétiens Rhazès, parle d'opérations où il employait ce puissant corrosif que nous nommons aujourd'hui l'acide sulfurique. Il était à coup sûr connu et employé au XIIIᵉ siècle par les savants chrétiens. A cette époque, Albert le Grand lui donnait le nom de *soufre des philosophes,* puis d'*esprit de vitriol romain.* Deux siècles plus tard, Basile Valentin indiquait le moyen de l'obtenir en distillant le *vitriol vert* (*sulfate de fer*). Il le nommait *huile de vitriol.* Angelus Sala, au commencement du XVIIᵉ siècle, découvrit que lorsqu'on brûle du *soufre* dans des vases humides il se produit de l'huile de vitriol. Peu d'années après, deux savants français, Lefebvre et Lemery, apprirent aux chimistes que cette réaction marche beaucoup mieux lorsqu'on mêle au *soufre* du *nitre* ou *salpêtre* (*azotate de potasse*). Le salpêtre est, comme tous les azotates, un sel facile à décomposer, parce que l'acide azotique lui-même, nous l'avons vu, abandonne facilement une partie de son oxygène. Dans la réaction indiquée par Lefebvre et Lemery, le soufre sert à fournir l'*acide sulfureux;* le salpêtre fournit l'*acide azotique,* qui, par son action oxydante, indiquée plus haut, convertit l'acide sulfureux en *acide sulfurique.* Encore aujourd'hui, la fabrication de cet acide repose sur l'oxydation de l'acide sulfureux par la réduction de l'acide azotique. Ce n'est pas en France que naquit l'industrie dont deux Français venaient de poser les bases. L'activité industrielle des Anglais était bien plus développée que la nôtre. C'est chez eux que fut appliqué en grand le nouveau procédé et qu'il reçut d'importants perfectionnements.

Les fabricants commencèrent par employer un procédé encore en usage dans les cours de chimie pour démontrer la méthode de fabrication dont il s'agit. Ce procédé consistait à diriger dans un grand ballon de verre des vapeurs d'*acide azotique* et du gaz *acide sulfureux.* Le ballon renferme un peu d'eau ou reçoit de la vapeur d'un flacon légèrement chauffé; de plus, il reçoit constamment de l'air du dehors.

L'*acide azotique* provient de la décomposition du salpêtre

(*otate de potasse*),. et l'*acide sulfureux* de la combustion du *soufre*. L'acide sulfureux enlève de l'oxygène à l'acide azotique; des vapeurs rutilantes (*acide hypoazotique*) se montrent dans le ballon. Mais l'air humide est mêlé à ces vapeurs. La vapeur d'eau attaque l'*acide hypoazotique* et le transforme partie en *acide azotique*, partie en *bioxyde d'azote*. Ce dernier gaz reprend à l'air de l'*oxygène* et redevient de l'*acide hypoazotique*. L'eau le dédouble encore en

Fig. 34. — Préparation de l'acide sulfurique dans un ballon de verre, pour la démonstration du procédé.

a, fiole où se produit de l'acide sulfureux. — *b*, fioles où se produisent des vapeurs nitreuses. — *c*, fiole qui fournit de la vapeur d'eau. — *e*, tube qui donne accès à l'air extérieur.

acide azotique et en bioxyde d'azote. Il se reproduit ainsi continuellement de l'acide azotique; mais à mesure l'acide sulfureux le désoxyde et le ramène à l'état d'acide hypoazotique, sur lequel l'eau agit comme il vient d'être dit. En résumé, la réaction se fait en 3 temps : 1° réduction de l'*acide azotique* en *acide hypoazotique* par l'*acide sulfureux*, qui passe à l'état d'*acide sulfurique;* 2° dédoublement par l'action de l'eau de l'*acide hypoazotique* en *bioxyde d'azote* et en *acide azotique*, que l'*acide sulfureux* va désoxyder pour devenir *acide sulfurique;* 3° oxydation par l'air du *bioxyde d'azote,* qui revient à l'état d'*acide hypoazotique.* Celui-ci se dédouble de nouveau, et la série des réactions recommence. En un mot, le bioxyde d'azote prend à l'air de l'oxygène que l'acide azotique, provenant de ce bioxyde, rend à l'acide sulfureux. L'acide sulfurique se forme par une oxydation indirecte aux dépens de l'air.

Cette fabrication fut bientôt insuffisante, parce que le ballon de verre était un récipient trop restreint. En 1746, les deux Anglais Rœbuck et Garbett substituèrent au ballon de verre des chambres dont les parois sont revêtues de feuilles de plomb. Il faut, en effet, un récipient inattaquable à l'acide sulfurique que l'on produit; le plomb se laisse à peine attaquer par les vapeurs acides qui remplissent les *chambres de plomb.*

Les appareils que l'industrie emploie pour cette importante fabrication comprennent une première partie où se produit l'acide sulfureux en présence de la vapeur d'eau. Une autre partie est disposée pour mettre l'acide sulfureux en contact avec de petites cascades d'acide azotique. Celui-ci se décompose et produit de l'acide sulfurique. Il se fait là en même temps un mélange d'acide sulfureux et de vapeurs nitreuses sur lequel viennent de nombreux jets de vapeur d'eau. Cette partie porte le nom de *chambres de plomb.* Vient à la suite un condensateur où se récoltent et se liquéfient les vapeurs d'acide sulfurique formées dans les *chambres de plomb.*

Le procédé employé pour se procurer l'acide sulfureux, dans la première partie des appareils, varie selon les usines et selon les conditions commerciales. Tantôt on brûle du soufre sur des plaques de tôle chauffées; tantôt cette combustion se fait dans des fours disposés en même temps pour fournir aux chambres de plomb des vapeurs d'acide azotique. On place sur la sole des fours des terrines remplies d'un mélange d'*azotate de soude* et d'acide sulfurique. Ce sel se décompose sous l'influence de la chaleur et de l'acide. Il se dégage de l'acide azotique vaporisé et il se forme du *sulfate de soude*. L'acide sulfureux dû à la combustion du soufre se mêle donc, dès cette première partie de l'appareil, à des vapeurs d'acide azotique. Il reste dans les fours du *sulfate de soude*, qui est un produit secondaire précieux pour l'industrie. Tantôt enfin, le prix du soufre devenant trop élevé, on renonce à se procurer l'acide sulfureux par ce moyen. On

Fig. 35. — Première série de pièces d'un appareil à chambres de plomb pour la fabrication de l'acide sulfurique.
C et E', première partie, où se produit l'acide sulfureux. — E''', partie où arrive l'acide azotique en cascades *g*, *g'*.

trouve meilleur marché d'employer la *pyrite de fer* (*sulfure de fer*). On chauffe cette pyrite dans des fours en présence d'une quantité surabondante d'air et jusqu'au rouge vif. L'oxygène de l'air se combine à la fois avec le soufre et avec le fer. Il se produit de l'*oxyde de fer* et de l'*acide sulfureux*.

Pour achever la fabrication de l'acide sulfurique, il faut le *concentrer*, c'est-à-dire lui enlever une partie de l'eau qu'il contient. On le chauffe d'abord dans de grandes bassines en plomb ; puis on achève la concentration en le distillant dans de grandes cornues en platine munies de serpentins de condensation en plomb. L'acide convenablement concentré marque 66° à l'aréomètre de Baumé et pèse 1 kilogramme 843 par litre ; c'est l'*acide sulfurique normal.*

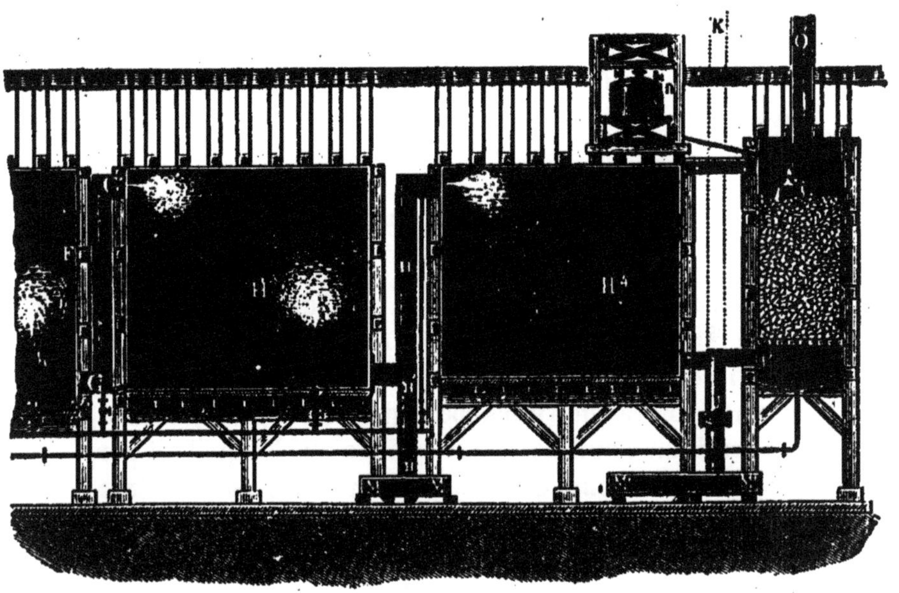

Fig. 36. — Coupe de la deuxième série de pièces de l'appareil à chambres de plomb. F, H et H', chambres où se condense l'acide sulfurique formé.

L'extraction de l'*acide sulfurique* du *sulfate de fer* ou *vitriol vert,* qui a valu à cet acide le nom d'*huile de vitriol,* et qui était le procédé de Basile Valentin, n'est d'ailleurs pas tombée en désuétude. Ce procédé s'est conservé dans la Saxe prussienne, à Nordhausen, dans le Hartz, mais il donne un acide beaucoup plus concentré que celui de la fabrication ordinaire.

Aujourd'hui cette fabrication s'est transportée en Bohême, où elle a trouvé des conditions naturelles très favorables. Elle a pour première opération un grillage à l'air des *pyrites* ou *sulfures de fer*. Ces composés s'oxydent et passent à l'état de *sulfate de fer* ou *vitriol vert*.

On chauffe au rouge clair, dans des cornues de grès, du vitriol vert. Le sel se décompose et donne un *oxyde de fer* qui reste dans les cornues et de l'*acide sulfurique* en vapeur, que l'on recueille en le condensant dans des vases en terre renfermant une petite quantité d'acide sulfurique normal.

L'*acide sulfurique de Nordhausen* est donc une dissolution d'*acide sulfurique anhydre* dans de l'*acide sulfurique normal*.

§ 10. — L'ACIDE SULFURIQUE NORMAL

L'*acide sulfurique normal* est un liquide remarquable par sa pesanteur spécifique. Dès que l'on saisit un flacon qui en contient, on est surpris du poids de ce liquide par rapport à son volume (poids spécifique : 1,843). Il a, de plus, une consistance huileuse. Il est incolore, et, lorsqu'il est pur, il n'a aucune odeur. Quant à sa saveur, elle est très énergique ; caustique puissant, il brûle violemment toutes les membranes avec lesquelles il est en contact ; il brûlerait donc la langue d'une façon très douloureuse, si l'on tentait cette expérience.

Cette causticité de l'acide sulfurique est due à son extrême avidité pour l'eau. On peut dire qu'il s'en procure par tous les moyens. Les matières organisées contiennent, entre autres éléments, de l'*hydrogène* et de l'*oxygène*. L'acide sulfurique les décompose pour former, avec ces deux éléments, de l'eau dont il s'empare. Aussi la matière organisée, ainsi altérée, prend-elle une coloration noire due au *carbone* qui apparaît comme résidu de la décomposition. Il y a carbonisation de la matière organisée ; de telle sorte que l'acide sulfurique tache en noir les matières végétales et les matières animales ; il les ronge énergiquement. Cette carbonisation explique la coloration brune, puis noirâtre, que l'acide sulfurique prend peu à peu au contact de l'air. Les poussières atmosphériques sont des particules animales ou végétales. L'acide les carbonise à mesure qu'il les reçoit.

Exposé à l'air humide, l'acide sulfurique normal lui enlève la vapeur d'eau en très grande quantité ; 100 grammes d'acide peuvent absorber ainsi jusqu'à 1,500 grammes d'eau. La combinaison de l'acide sulfurique et de l'eau est si énergique qu'il se produit beaucoup de chaleur. En mélangeant ces deux liquides, on peut voir la température monter jusqu'à 100°. Pour faire ce mélange, il faut se garder de verser l'eau dans l'acide. Il y aurait projection du liquide caustique hors du vase. Il faut avoir soin de verser toujours l'acide sulfurique dans l'eau et avec une certaine lenteur. En même temps que la température s'élève beaucoup, il se produit une diminution considérable de volume. Ainsi, lorsqu'on mélange 1 litre d'acide sulfurique normal et 1 litre d'eau, on n'obtient pas 2 litres d'acide étendu, mais seulement 1 litre 94 centilitres. Le mélange atteint une température de 84°.

On conçoit, d'après ce qui vient d'être dit, que l'acide sulfurique soit un desséchant actif pour tous les corps qu'il n'attaque pas. On l'emploie souvent en chimie pour dessécher l'air ou les gaz.

L'acide sulfurique normal est le type des acides puissants. La moindre goutte de cet acide fait tourner au rouge pelure d'oignon tout un grand verre de teinture bleue de tournesol. Il se combine énergiquement avec les bases et forme avec elles des sels appelés *sulfates*, dont un grand nombre sont solubles dans l'eau, tandis que d'autres, tels que les *sulfates de baryte, de plomb, de mercure,* sont insolubles absolument dans ce liquide. L'acide sulfurique attaque un grand nombre de sels, parce que, plus énergique que les autres acides, il tend à les déplacer pour s'emparer de la base avec laquelle ils sont combinés.

Son énergie chimique en présence des bases se manifeste

dans une expérience curieuse que l'on a l'habitude de faire dans les cours de chimie. On prend une base assez énergique elle-même dans son avidité pour les acides, c'est la *baryte anhydre* (*oxyde de barium*). C'est un corps solide, une pierre grise et spongieuse; on la place sur une brique et l'on verse sur la baryte anhydre trois ou quatre gouttes seulement d'acide sulfurique normal. Dès que le liquide acide touche la baryte, on entend un bruissement semblable à celui du fer rouge plongé dans de l'eau froide. D'épaisses vapeurs se dégagent de la baryte; au milieu de ces vapeurs luit un feu éclatant. C'est la baryte, échauffée par la combinaison, qui devient incandescente et fait vaporiser l'eau de l'acide, pendant qu'il se forme du *sulfate de baryte.*

La *baryte* est du reste la base favorite de l'*acide sulfurique.* Tout liquide qui contient quelque peu de cet acide donne un précipité blanc dès qu'on y verse un peu d'eau de *baryte.* Ce précipité est du *sulfate de baryte.*

A toutes ces propriétés énergiques, l'acide sulfurique joint une certaine facilité à se décomposer qui rend les sulfates plus attaquables que l'on ne serait porté à le supposer On a vu que l'acide sulfurique s'obtient en oxydant l'acide sulfureux par l'acide azotique. Par compensation, il abandonne assez facilement cette quantité d'oxygène complémentaire et retourne à l'état d'acide sulfureux. En un mot, parmi les composés oxygénés du soufre, celui qui résiste à la décomposition, c'est l'*acide sulfureux* et non l'*acide sulfurique.* Ce sont surtout les corps avides d'oxygène qui agissent sur lui. Les métaux en général le réduisent ainsi, et la préparation de l'*acide sulfureux,* qui a été citée ci-dessus, en est un exemple. Elle consiste à chauffer de l'*acide sulfurique* avec du *cuivre* ou du *mercure.* Chauffé seul, à la température du rouge blanc, l'*acide sulfurique* se décompose en *acide sulfureux* et *gaz oxygène.*

L'*acide sulfurique normal* a la composition suivante : 100 grammes d'acide contiennent, en nombres ronds (à moins de 1 gramme près) 33 grammes de *soufre*, 49 grammes d'*oxygène*, 18 grammes d'*eau*.

Cet acide est souvent combiné à une plus ou moins grande quantité d'eau. On distingue l'*acide sulfurique normal monohydraté*, qui contient 31 pour 100 de son poids d'eau au lieu de 18 ; l'*acide sulfurique normal bihydraté*, qui contient jusqu'à 40 pour 100 d'eau.

L'*acide sulfurique de Nordhausen* diffère de l'acide normal en ce qu'il répand des fumées à l'air. Il est coloré en brun. Il renferme, par 100 grammes seulement, 10 grammes d'eau.

On connaît l'*acide sulfurique anhydre*, c'est-à-dire complètement privé d'eau. C'est un corps solide, cristallisé en jolies aiguilles d'un blanc soyeux. Il a une extrême avidité pour l'eau; aussi ne peut-il être exposé à l'air sans se combiner aussitôt avec l'humidité atmosphérique.

Les usages de l'acide sulfurique sont extrêmement nombreux. C'est à tel point que la France en consomme chaque année plus de 70,000 tonnes. L'Angleterre en emploie beaucoup plus encore. Il sert dans la fabrication de tous les acides, des sulfates, des aluns, des bougies stéariques, du sucre de fécule, des eaux minérales, des cirages, etc. Il est utilisé pour l'épuration des huiles, pour la dissolution de l'indigo, etc.

§ 11. — L'ACIDE CHLORHYDRIQUE

Dans leurs opérations mystérieuses, les alchimistes avaient souvent tiré du *sel commun* ou *sel marin* un gaz fumant vivement à l'air et d'une odeur piquante. Ils le nommaient *esprit de sel*. La tradition en attribue la découverte à Basile Valentin. Ses propriétés acides bien caractérisées lui valurent ensuite le nom d'*acide muriatique*, surtout à l'état de dissolution dans l'eau.

Glauber (chimiste allemand né vers 1600, mort en 1668),

vers la fin de sa vie, simplifia les procédés d'extraction employés jusque-là. Il enseigna celui qui est encore en usage aujourd'hui. On décompose par l'*acide sulfurique* le *sel commun* ou *sel marin*, qui est un *chlorure de sodium* (combinaison de *chlore* et de *sodium*). Dans l'industrie, la fabrication de l'acide chlorhydrique ou muriatique est liée à celle du sulfate de soude. L'acide chlorhydrique est comme un résidu de cette fabrication.

Dans un cylindre de fonte, que des disques de même métal peuvent fermer aux deux extrémités, on place environ 150 kilogrammes de sel marin ou *chlorure de sodium*, sur lequel on fait arriver de l'*acide sulfurique normal*. Ces cylindres sont engagés par couples dans des fourneaux en briques. On chauffe progressivement jusqu'à ce que tout l'*acide chlorhydrique* soit dégagé. Il reste dans le cylindre du *sulfate de soude*.

La réaction doit s'expliquer comme il suit. Puisqu'on obtient du *sulfate de soude*, le *sodium* s'est combiné avec de l'*oxygène* pour former de la *soude;* puisqu'il s'est produit de l'*acide chlorhydrique*, le *chlore* du chlorure s'est uni à de l'*hydrogène*. Qui a fourni l'*oxygène* au *sodium* et l'*hydrogène* au *chlore?* C'est évidemment l'*eau* que l'*acide sulfurique normal* renfermait à raison de 18 pour 100 de son poids. La décomposition de l'eau d'hydratation de l'acide sulfurique normal est donc le point essentiel de la réaction.

Certains fabricants de sulfate de soude et d'acide chlorhydrique emploient un autre appareil. Au lieu de cylindres ils se servent de fours ou *bastringues* en briques.

Quant à l'acide chlorhydrique dégagé dans la fabrication du sulfate de soude, il est habituellement dirigé par des tuyaux dans une série de bonbonnes en terre, contenant de l'eau. On a donc pour produit une solution aqueuse d'acide chlorhydrique.

L'*acide chlorhydrique* liquide, c'est-à-dire dissous dans l'eau, tel que le livre le commerce, marque 21° à 22° à l'aréomètre de Baumé, ce qui suppose un poids spécifique de 0,920 à 0,914; soit un poids de 923 grammes environ par litre. C'est un liquide légèrement jaunâtre, fumant à l'air, et les fumées deviennent blanches et très apparentes lorsqu'on approche un flacon d'ammoniaque, ou simplement une baguette de verre humectée de cette dissolution. Il est fortement acide, et donne à la teinture bleue de tournesol la couleur rouge pelure d'oignon. Il a une odeur piquante et une saveur caustique. Lorsqu'on fait bouillir cette dissolution d'acide chlorhydrique, le gaz chlorhydrique s'échappe peu à peu. La dissolution s'affaiblit; cependant elle ne se dépouille pas entièrement. Quand elle ne contient plus que 50 et demi pour 100 de son poids d'eau, c'est une combinaison qui distille et n'abandonne plus de gaz chlorhydrique.

Priestley, grâce à l'invention du procédé de récolte des gaz sur la cuve à mercure, a le premier connu le *gaz acide chlorhydrique*. Jusqu'à lui, on n'avait pu distinguer ce produit gazeux parce qu'on ne le tenait pas à l'abri de l'eau, où il se dissout en très grandes proportions.

C'est un gaz incolore, facile à liquéfier lorsqu'on le comprime ou qu'on le refroidit très fortement. Il a pour l'eau une avidité qui ne peut être comparée qu'à celle du *gaz ammoniac*. Un litre d'eau dissout 480 litres de gaz chlorhydrique. Il pèse 1 fois un quart le poids de son volume d'air (poids spécifique : 1,25); 1 litre de ce gaz pèse 1 gr., 617.

Il est composé de 97 grammes de *chlore* et 3 grammes d'*hydrogène* pour 100 grammes de gaz *acide chlorhydrique*. Il est très avide d'eau. Un grand nombre de métaux, et particulièrement le *fer*, le *zinc*, l'*étain*, décomposent ce gaz pour lui enlever le *chlore*, et le gaz *hydrogène* se dégage. Il se produit un *chlorure de fer, de zinc, d'étain*, etc. Il suffit, pour s'en assurer, de mettre dans un verre de la grenaille de fer, et de verser dessus de l'acide chlorhydrique. Il y a une vive effervescence; des bulles de gaz viennent se rompre à la surface du liquide. Si l'on y promène une allumette, le produit de chaque bulle s'enflamme avec un petit bruit. C'est du gaz hydrogène. Beaucoup d'oxydes métalliques le décomposent d'une façon semblable. Mais l'*hydrogène* ne se dégage pas à l'état gazeux. Il se combine avec l'oxygène de l'oxyde et forme de l'eau. La réaction a donc pour produit un *chlorure* du métal, de l'oxyde et de l'eau. C'est ainsi que se passe la réaction de cet acide sur les bases. Il s'unit aussi à l'*ammoniaque*, et forme avec elle le *sel ammoniac* ou *chlorhydrate d'ammoniaque*.

Le gaz acide chlorhydrique est incombustible et irrespirable. C'est même un gaz vénéneux ; mais il est suffocant et d'une saveur chaude insupportable.

L'acide chlorhydrique, mêlé à l'acide azotique, forme un liquide acide connu sous le nom d'*eau régale*. Ce nom lui a été donné parce qu'il dissout l'*or*, qui passait pour le roi des métaux aux yeux des alchimistes. Ni l'un ni l'autre des deux acides n'opérerait seul cette dissolution. Le mélange ou *eau régale*, lorsqu'on le fait bouillir, dissout sans peine des feuilles d'or que l'on y a jetées. L'or se convertit en un *sesquichlorure d'or*, composé d'or soluble dans l'eau.

Le réactif employé pour reconnaître la présence de l'*acide chlorhydrique* est la solution aqueuse de l'*azotate d'argent*. Elle donne avec cet acide un précipité blanc, caillebotté (groupé en caillots), qui noircit peu à peu à la lumière. Le précipité, insoluble dans l'acide azotique, se dissout dans l'ammoniaque.

L'acide chlorhydrique sert à fabriquer le chlore, les sels formés du chlore, les chlorures, l'eau régale ; on l'emploie à extraire la gélatine des os.

§ 12. — LE GAZ CHLORE

On peut croire que Glauber, dans la seconde moitié du XVIIe siècle, a obtenu le gaz chlore en distillant l'acide chlorhydrique, qu'il nommait *esprit de sel*, sur des *chaux métalliques* (oxydes métalliques); il le nommait *esprit de sel rectifié*. Mais c'est Scheele qui, en 1774, a véritablement connu ce gaz. Il l'obtint en traitant à chaud le *bioxyde de manganèse* par l'*acide chlorhydrique*. Onze ans après, Berthollet se laissa tromper par les phénomènes d'oxydation que le chlore fait naître. Il le considéra comme de l'*acide muriatique* (c'est-à-dire chlorhydrique) combiné avec de l'*oxygène;* il lui donna le nom d'*acide muriatique oxygéné*. Cette erreur fut rectifiée par Gay-Lussac et Thénard, qui proposèrent de considérer l'*acide muriatique oxygéné* comme un corps simple. C'est le célèbre Humphry Davy qui démontra l'exactitude de cette manière de voir. Ampère (né près de Lyon en 1775, mort en 1839) lui donna le nom de *chlore*.

Le *chlore* (du grec *chloros*, jaune verdâtre) est un gaz d'un jaune verdâtre, d'une odeur désagréable et suffocante. Il suffit de le comprimer sous une pression de cinq atmosphères pour le liquéfier. Il pèse presque 2 fois et demie autant que son volume d'eau; 1 litre de gaz *chlore* pèse 2 gr. 155.

Ce gaz est indécomposable; il se dissout dans l'eau à raison de 2 litres de gaz par litre d'eau. La propriété dominante du *chlore*, c'est sa grande avidité pour l'*hydrogène*. Un mélange de gaz *chlore* et de gaz *hydrogène* se combine à la longue, et donne de l'*acide chlorhydrique*. Mais ce mélange se combine brusquement avec une forte détonation lorsqu'on l'enflamme, ou simplement lorsque parvient sur lui un rayon de la lumière du soleil.

Le chlore décompose la plupart des composés d'hydrogène. Ainsi ce gaz, dissous dans l'eau, décompose celle-ci peu à peu; de telle sorte que toute dissolution aqueuse de chlore renferme bientôt de l'acide chlorhydrique. Pour atténuer les effets de cette lente réaction, on conserve la dissolution aqueuse de chlore dans des vases de verre bleu foncé. A l'abri de la lumière, l'altération est beaucoup plus lente.

Toutes les fois que le chlore est en présence d'une dissolution aqueuse d'un corps quelconque, il décompose l'eau et s'empare de l'hydrogène en rendant libre l'oxygène. C'est ainsi que, versé dans une solution d'acide sulfureux, il donne de l'acide sulfurique et de l'acide chlorhydrique.

En second lieu, le *chlore* est très avide de se combiner avec les métaux pour former des *chlorures*.

Il résulte de ces réactions que, décomposant énergiquement l'eau et les oxydes, le chlore provoque fréquemment un dégagement d'oxygène. Il semble un corps *oxydant*, parce qu'il détermine indirectement des phénomènes d'oxydation.

Le gaz chlore est un gaz très dangereux à respirer, et qui d'ailleurs provoque une toux violente et très douloureuse.

Le chlore doit à son avidité pour l'hydrogène des propriétés *désinfectantes* et *décolorantes* qui lui donnent une véritable importance. Les matières colorantes, les miasmes infectants, les mauvaises odeurs, ont à peu près tous pour principes des matières animales ou végétales. L'hydrogène entre comme élément chimique dans leur constitution. Le chlore les décompose pour s'emparer de cet élément ; de cette façon, couleur, odeur, miasme infect, tout est détruit par le chlore. C'est ainsi que le chlore blanchit les toiles écrues, fait disparaître l'encre sur le linge ou sur le papier.

On tire surtout parti des propriétés désinfectantes et décolorantes du chlore. Il sert principalement au blanchiment des tissus de lin et de coton, des matières premières de la fabrication du papier. C'est le corps assainissant le plus employé. Il serait cependant fort incommode d'avoir recours au gaz chlore ou à sa dissolution aqueuse. On prépare des poudres blanches solides, facilement décomposables, qui, sous l'influence d'un liquide quelque peu acide, dégagent du gaz chlore. Ces poudres blanches sont du *chlorure de chaux ;* c'est en réalité un mélange de *chlorure de calcium* (chlore et calcium) avec de l'*hypochlorite de chaux*. On l'obtient en dirigeant un courant de chlore sur de la chaux éteinte pulvérisée. C'est ce qui explique le nom vulgaire de *chlorure de chaux*.

Le procédé de Scheele s'emploie encore pour préparer le gaz chlore. On chauffe dans un ballon de l'*acide chlorhydrique* et du *bioxyde de manganèse*. Il se forme du *chlorure de manganèse*, de l'*eau* et du *gaz chlore*. Ce gaz, si on le

Fig. 37. — Disposition de l'appareil où l'on prépare le chlore dissous dans l'eau.

recueille dans l'eau, se dissout; si on le recueille sur le mercure, il se combine avec ce métal. On se borne donc à le recueillir dans un vase à goulot étroit. Son poids suffit pour l'y maintenir.

On prépare aussi le gaz chlore en décomposant le *sel marin* par l'*acide sulfurique ;* puis l'acide chlorhydrique naissant de cette réaction, par le *bioxyde de manganèse*. C'est une fusion du procédé de préparation de l'*acide chlorhydrique* avec le procédé de Scheele pour préparer le chlore.

Lorsqu'on veut obtenir du chlorure dissous dans l'eau, on récolte le gaz chlore dans une série de flacons contenant de l'eau.

§ 13. — LES ACIDES OXYGÉNÉS ET LES ACIDES HYDROGÉNÉS

Dans les pages précédentes, nous avons étudié cinq acides : l'*acide carbonique*, l'*acide azotique*, l'*acide sulfureux*, l'*acide sulfurique*, enfin l'*acide chlorhydrique*. Les quatre premiers sont composés d'un corps simple métalloïde uni à l'oxygène. C'est le type des acides connus de Lavoisier, acides formés par l'oxydation d'un corps simple. L'*oxygène* (du mot grec *oxys*, acide ; *gennaein*, engendrer) était pour lui le *père des acides*. Les découvertes concernant la véritable nature de l'*acide muriatique* contraignirent les chimistes à modifier cette manière de voir. Du moment où, connaissant sa véritable composition, ils persistèrent à le regarder comme un acide, il leur fallut renoncer à considérer l'oxygène comme produisant seul les acides. L'acide muriatique gazeux, ne renfermant que du chlore et de l'hydrogène, devenait le type d'une nouvelle famille d'acides formés de la combinaison d'un corps simple avec l'hydrogène. Dans cette famille viennent se ranger, autour de l'acide chlorhydrique, plusieurs corps analogues, dont le plus digne d'attention est l'*acide sufhydrique*, aussi nommé *hydrogène sulfuré*.

Au XVIIIe siècle, le Français Rouelle le jeune (né près de Caen en 1718, mort en 1779) étudia et décrivit, sous le nom d'*air puant*, un gaz dont l'odeur infecte est bien, en effet, le trait le plus caractéristique. Scheele, en 1777, reprit cette étude, et démontra que l'*air puant* est un composé de *soufre* et d'*hydrogène*.

Ce gaz n'est pas rare dans la nature. Un grand nombre d'eaux minérales, et particulièrement celles d'Allevard (Isère), de Bonnes (Basses-Pyrénées), d'Aix-les-Bains (Savoie), d'Enghien-Montmorency (Seine-et-Oise), tiennent en dissolution de l'hydrogène sulfuré. Elles lui doivent leur odeur désagréable. D'autres contiennent des sulfures faciles à décomposer, qui dégagent volontiers du gaz *acide sulfhydrique.* Certaines régions volcaniques, telles que les environs du lac d'Agnano (Naples) et la solfatare de Pouzzoles (Naples), en Italie, sont remarquables par les fumées ou *fumerolles* qui annoncent le dégagement de l'*hydrogène* sulfuré à travers les fissures du sol.

Certaines matières animales, telles que les œufs, les excréments de l'homme et des animaux, contiennent un peu de soufre; en se putréfiant, elles dégagent à la fois du *gaz ammoniac* et du *gaz acide sulfhydrique,* qui se combinent en vapeurs de *sulfhydrate d'ammoniaque.* Ces vapeurs, extrêmement vénéneuses, frappent souvent d'une mort presque foudroyante les ouvriers vidangeurs, parce que le dégagement dont je parle se fait surtout dans les fosses d'aisance. On prévient ces accidents à l'aide du *sulfate de fer* ou *vitriol vert,* ou de l'eau *chlorée.* Le *chlore* décompose, en effet, l'*acide sulfhydrique* pour lui prendre son *hydrogène.* Quant au *sulfate de fer,* il décompose le *sulfhydrate d'ammoniaque* et est décomposé lui-même. Il se forme du *sulfure de fer* solide et non vénéneux, et du *sulfate d'ammoniaque.* C'est un échange entre les deux composés.

C'est l'hydrogène sulfuré qui donne aux œufs pourris leur odeur infecte.

Ce gaz se produit encore dans les eaux stagnantes mal aérées, qui contiennent des matières animales ou végétales et du sulfate de chaux. Le sulfate se décompose lentement en présence de la matière organique, et le soufre qu'il contient s'unit à de l'hydrogène, qui n'a pu s'oxyder faute d'air. Les citernes, les réservoirs d'eau soustraits à tout accès de l'air, donnent souvent de cette manière une eau corrompue, d'une odeur repoussante.

L'*acide sulfhydrique,* ou *hydrogène* sulfuré, est un gaz incolore, que l'on a pu liquéfier et même solidifier. Un litre de ce gaz pèse 1 gr. 539 (poids spécifique : 1,199). L'eau le dissout à raison de 3 litres de gaz pour 1 litre du liquide.

Il rougit la teinture bleue de tournesol et lui donne la teinte vineuse qui caractérise l'action des acides faibles. Il décompose beaucoup de sels pour s'emparer du métal et former avec lui un *sulfure*. Cette propriété se manifeste souvent autour de nous sur les sels d'argent, sur les sels de plomb. C'est ainsi que la peinture blanche de nos appartements, qui est formée de *céruse* (*carbonate de plomb*), noircit à la longue aux faibles émanations d'hydrogène sulfuré provenant des cuisines, des lieux d'aisance. Il se forme, aux dépens du *carbonate de plomb*, un *sulfure de plomb* qui est noir. Noir aussi le sulfure d'argent. Ainsi s'explique la coloration noirâtre que prend l'argent exposé aux mêmes émanations ; il se colore aussi en noir au contact des œufs que l'on fait cuire ou qu'on laisse corrompre.

L'*acide sulfhydrique* est fort dangereux à respirer. Un mélange de 1 litre de ce gaz avec 100 litres d'air serait capable d'asphyxier un homme qui le respirerait. Ce même gaz peut brûler avec une flamme bleuâtre. Il se forme de l'*eau* par oxydation de l'*hydrogène*, et le *soufre* se dépose en une fine poussière jaune. Je citerai en terminant son action sur l'*acide sulfureux*. A la température ordinaire, les deux gaz, surtout si l'hydrogène sulfuré est en excès, se décomposent l'un l'autre ; l'*oxygène* de l'*acide sulfureux* s'unit à l'*hydrogène* de l'*acide sulfhydrique*, et le *soufre* des deux gaz, devenu libre, se dépose à l'état solide. C'est ainsi que s'explique la formation des dépôts de soufre au voisinage des fissures du sol dans les pays volcaniques ; car il sort presque continuellement, par ces fissures, de l'*hydrogène sulfuré* et de l'*acide sulfureux* à une température plus chaude que celle de l'atmosphère.

En résumé, nous connaissons maintenant deux classes d'acides : les *acides oxygénés* ou *oxacides*, donnant avec les bases des sels tels que les *carbonates*, les *azotates*, les *sul-*

fates, les *sulfites*, etc. ; les *acides hydrogénés* ou *hydracides*, formant avec les bases des sels du type des *chlorures*, des *sulfures*, etc. C'est une modification importante qu'ont dû subir les idées d'après lesquelles Lavoisier et Guyton-Morveau ont établi le système des noms à employer en chimie, la *nomenclature* moderne. Pour eux, qui ne connaissaient pas les acides hydrogénés, un *sulfure* n'avait pas d'autre origine que la combinaison du *soufre* avec le métal. Aucune raison ne les pouvait engager à le considérer comme un sel. Il en est tout autrement aujourd'hui. De cette façon, le *chlorure de sodium*, qui est le sel ordinaire ou sel de cuisine, est aussi redevenu un sel pour les chimistes.

§ 14. — LE PHOSPHORE ET L'ARSENIC, LE BROME, L'IODE ET LE CYANOGÈNE

Le *phosphore* sert à la fabrication des allumettes chimiques; mais cette fabrication en consomme annuellement de 5,000 à 6,000 kilogrammes. C'est un corps solide, incolore, mou, demi-transparent, et exhalant une odeur qui rappelle celle de l'ail. Il doit son nom à ce qu'il est lumineux dans l'obscurité; ce nom vient des mots grecs *phos*, lumière, et *phérein*, porter. Le phosphore est très avide d'*oxygène*; il l'absorbe dans l'air à froid et donne de l'*acide phosphoreux*; c'est donc une combustion lente qui le rend lumineux. Il brûle vivement dans l'air lorsqu'on élève sa température en l'allumant; il donne alors de l'*acide phosphorique*. Exposé longtemps à la lumière du soleil ou à l'action de la chaleur, le phosphore change de nature; il prend une couleur rouge, cesse d'être lumineux dans l'obscurité, et, beaucoup moins inflammable, il ne s'allume dans l'air qu'à 260°, tandis que le phosphore ordinaire s'allume à 60° seulement. Enfin le phosphore ordinaire est vénéneux, et le phosphore rouge ne l'est pas.

Le phosphore a été découvert en 1669 par un Hambourgeois nommé Brandt, mort vers 1692, qui ne voulut pas faire connaître comment il l'obtenait. Kunckel (né dans le Slesvig en 1630, mort en 1702) parvint à l'extraire de l'urine. Un peu plus tard, Gahn le trouva dans les os; enfin Scheele enseigna à l'extraire des cendres des os calcinés à l'air. On opère encore ainsi pour le fabriquer.

Le phosphore entre dans la composition de la pâte colorée dont on enduit une extrémité des allumettes. Elle se compose de phosphore, de sable fin, d'ocre rouge, de vermillon et d'eau, et on la rend adhérente en y ajoutant, soit de la colle forte, soit de la gomme. Pour conjurer les dangers que peuvent présenter la grande inflammabilité du phosphore ordinaire et ses propriétés vénéneuses, on a imaginé ce que l'on appelle les allumettes au phosphore amorphe ou phosphore rouge.

On enduit l'extrémité de l'allumette d'une pâte formée de chlorate de potasse, de sulfure d'antimoine et de colle forte. Sur une petite feuille de carton on étale une autre pâte composée de phosphore amorphe en poudre, de sulfure d'antimoine et de colle forte. Pour enflammer l'allumette, on la frotte sur la feuille de carton; elle en détache des particules de phosphore qui enflamment la pâte qu'elle porte elle-même.

On emploie encore le phosphore, comme poison, pour composer une pâte destinée à détruire les rats et les souris.

•Le *phosphore* forme avec l'hydrogène trois composés appelés *hydrogènes phosphorés* ou *phosphures d'hydrogène*. L'un d'eux est gazeux et s'enflamme de lui-même à l'air. On lui attribue la production de ces lueurs que l'on voit parfois briller la nuit dans les marais, dans les cimetières, et que l'on nomme *feux follets, flambarts, feux ardents*. C'est la putréfaction des matières animales et surtout de l'urine et des os qui lui donne naissance.

L'*arsenic* est un corps solide, gris, d'un éclat métallique; il se volatilise facilement, et sa vapeur a une odeur d'ail très marquée. Il n'est pas vénéneux par lui-même; mais il forme avec l'oxygène l'*acide arsénieux*, poudre blanche d'un goût âcre, qui est le poison connu sous les noms d'*arsenic*, de *mort aux rats*. Chacun sait quelles funestes propriétés il possède.

Le *brome* (du grec *brômos*, infect) est un liquide rouge foncé, d'une odeur fétide, extrêmement vénéneux. Le chimiste français Balard l'a découvert en 1826, en analysant les eaux mères des marais salants (eaux qui restent après l'évaporation de l'eau de mer et l'extraction du sel marin). Ces eaux contiennent du *bromure de magnésium*. Le brome tache fortement la peau en jaune et la brûle. Il donne à 62° des vapeurs jaunes infectes. Insoluble dans l'eau, il se dissout dans l'alcool et dans l'éther. On emploie beaucoup en médecine le *bromure de potassium*.

L'*iode* (du grec *iodès*, violet) est un corps solide, d'un gris métallique, dégageant facilement sa vapeur, qui est d'une fort belle couleur violette. Il se dissout dans l'eau en petite quantité et donne la *teinture aqueuse d'iode;* mais il est soluble en assez forte proportion dans l'alcool : c'est la *teinture alcoolique d'iode*. Ces deux teintures sont employées en médecine, ainsi que l'*iodure de potassium*, l'*iodure de fer*, etc. L'*iode* a été découvert par Courtois, en 1823, dans les eaux mères des soudes de varech. Ce sont des eaux qui restent après l'élaboration des soudes provenant de la combustion de plantes marines particulières.

La photographie fait un usage fréquent des *iodures* et des *bromures*. Elle emploie aussi des sels fort dangereux par leurs propriétés vénéneuses et qui sont connus sous les noms de *prussiates* ou *cyanures*. Ces corps se rattachent à un composé fort singulier du *carbone* et de l'*azote*, nommé *cyanogène* (du grec *cyanos*, bleu, et *gennaein*, produire), qui a été découvert en 1814 par Gay-Lussac. Bien que composé (il renferme 54 pour 100 de son poids d'azote, et 46 de carbone), ce corps a des propriétés analogues à celles du chlore, du brome et de l'iode. Il forme, comme s'il était un corps simple, un hydracide, l'*acide cyanhydrique,* plus connu sous le nom d'*acide prussique,* qui est le plus violent poison que l'on connaisse, avec quelques poisons tirés des plantes et le venin de certains serpents. Le *cyanogène* forme aussi des composés oxygénés dont un est l'*acide fulminique.* Combiné avec le mercure, il constitue le fameux *fulminate de mercure* ou *poudre fulminante* de Howard, employée pour préparer les amorces des armes à feu. Le *fulminate d'argent,* encore plus détonant que le précédent, est fort mal à propos employé pour fabriquer des joujoux dangereux connus sous les noms de *bonbons chinois,* de *cartes* et de *pois fulminants.* Ils ont fort souvent blessé les enfants qui les manient.

Les *cyanures* sont usités en médecine et dans les arts. Ce sont généralement des poisons violents. La matière colorante connue sous le nom de *bleu de Prusse* est un composé obtenu en versant une dissolution de *sulfate de fer* dans une dissolution de *prussiate jaune de potasse* (*cyanure double de potassium et de fer*). Ce produit, précieux pour la peinture, la teinture et l'impression en couleurs, a été découvert en 1710 par un fabricant de couleurs de Berlin, nommé Diesbach; mais il garda le secret de ses procédés, qui ne furent publiés que quatorze ans plus tard par Wodwar. C'est par allusion au bleu de Prusse que le cyanogène a reçu son nom.

Le *cyanogène* est un gaz incolore d'une odeur pénétrante rappelant un peu celle de l'éther; il brûle avec une flamme bleue pourpre et donne de l'acide carbonique et de l'azote. Il est irrespirable.

CHAPITRE X

LES GRANDS GENRES DE SELS DÉRIVÉS DES ACIDES

§ 1. — LES CARBONATES

L'*acide carbonique*, en se combinant avec les *bases*, donne naissance à des *sels* qui, d'après les principes de la nomenclature actuelle, portent le nom de *carbonates*. Ils se distinguent les uns des autres par le nom de la base qui est combinée avec l'acide carbonique : *carbonate de chaux*, *carbonate de soude*, *carbonate de potasse*, *carbonate d'ammoniaque*, *carbonate de cuivre* (abréviation de *carbonate d'oxyde de cuivre*), etc. Cette seconde partie du nom du sel indique l'*espèce* du carbonate; le nom commun de *carbonate* indique le *genre* du sel.

Je vais faire connaître ici les propriétés pratiques les plus importantes des sels du genre *carbonate*.

Les *carbonates* sont des corps solides, souvent cristallisés. Un petit nombre seulement affectent une couleur; la plupart sont blancs. Presque tous sont insolubles dans l'eau pure; il faut en excepter cependant les *carbonates de potasse*, *de soude* et *d'ammoniaque*. Plusieurs autres se dissolvent bien dans l'eau, dès qu'elle contient du gaz acide carbonique. Il a été parlé de ce fait à propos de ce gaz. De tous les carbonates, ceux d'ammoniaque sont seuls volatils, c'est-à-dire peuvent prendre l'état gazeux.

Le caractère principal des *carbonates* est une propriété qui dérive de la faible énergie de l'*acide carbonique*. Tous les carbonates, lorsqu'on verse sur eux un acide fort, donnent lieu à une vive effervescence, c'est-à-dire à un dégagement de gaz fort abondant. Ce gaz est l'*acide carbonique* déplacé par l'acide fort, qui s'empare de la base du carbonate. Les carbonates sont donc des sels décomposables à froid, avec effervescence, par l'action d'un acide fort.

Ces mêmes sels se décomposent encore lorsqu'on les chauffe à la température du rouge blanc. C'est ainsi que l'on prépare la *chaux* vive en calcinant dans des fours le *carbonate de chaux;* car la pierre à chaux est un carbonate de chaux. Cependant la chaleur seule ne suffit pas pour décomposer trois carbonates, ceux de *baryte*, de *potasse* et de *soude*. Mais tous les carbonates, même ces trois-là, se décomposent lorsqu'on les chauffe fortement avec du charbon ou de la vapeur d'eau. Dans le premier cas, il se forme de l'*oxyde de carbone* par réduction de l'acide carbonique du sel, dont l'*oxyde* métallique, parfois même le *métal*, est mis en liberté. Dans le second, la vapeur d'eau entraîne avec elle le gaz *acide carbonique* tiré du sel décomposé.

La *chaux* et la *strontiane* décomposent tous les *carbonates* pour leur enlever l'*acide carbonique*, et former un *carbonate de chaux* ou de *strontiane*.

Certains *carbonates*, combinés avec une nouvelle quantité d'*acide carbonique*, forment ce que les chimistes, selon la quantité d'acide surajoutée, nomment un *sesquicarbonate* ou un *bicarbonate*. En général cette augmentation de la quantité d'acide rend ces nouveaux sels solubles dans l'eau.

Les dissolutions de *carbonates* ou *bicarbonates de potasse, de soude, d'ammoniaque*, verdissent le sirop de violettes, à cause de la grande énergie de la base unie à l'acide carbonique.

On est convenu d'appeler *carbonate* tout carbonate dont la composition est semblable à celle du *carbonate neutre de potasse*. Cette composition a pour caractère le rapport du poids d'oxygène contenu dans l'acide à celui de l'oxygène contenu dans la base. Tout *carbonate* est considéré comme neutre lorsque *la quantité de base qu'il renferme contient d'oxygène la moitié du poids d'oxygène que contient son acide carbonique.*

On nomme *carbonate basique* tout carbonate qui contient une quantité de base en excès sur celle du carbonate neutre.

Voici les plus importants parmi les *carbonates*. Les *carbonates de potasse* et de *soude* sont connus dans le commerce sous les noms de *potasse naturelle* et de *soude naturelle*. Le *sel volatil d'Angleterre* est un *sesquicarbonate d'ammoniaque*. Les *pierres calcaires* et les *marbres* de toutes sortes sont des variétés naturelles de *carbonate de chaux*. La *céruse* ou *blanc de céruse* est du *carbonate de plomb*. Les couleurs employées par les peintres sous les noms de *vert minéral* et de *cendres bleues naturelles* ou *bleu de montagne*, la belle pierre verte d'ornementation que l'on nomme *malachite* sont des variétés de *carbonate de cuivre*. Le *vert-de-gris*, dont se couvre le cuivre exposé à l'air humide, est du *carbonate de cuivre* hydraté. La *calamine* est un *carbonate de zinc* naturel.

§ 2. — LES AZOTATES

Les *azotates* sont des sels fort souvent blancs ou même transparents et incolores; les azotates de cuivre sont colorés en bleu.

Tous sont solubles dans l'eau. Tous se décomposent avec une grande facilité, à cause de la facilité même de l'*acide azotique* pour se décomposer lui-même. La chaleur les attaque à une température plus ou moins élevée. Il se dégage de l'*oxygène* gazeux, de sorte que les *azotates* peuvent, aussi bien que l'acide azotique, agir comme corps oxydants. La décomposition des azotates par réduction de l'acide azotique est puissamment favorisée par la présence de corps avides d'oxygène, tels que le *carbone*, le *soufre*. Cette propriété des azotates a une grande importance.

D'abord elle se manifeste par un phénomène qui caractérise les azotates. Lorsqu'on projette sur les charbons ardents des fragments d'un azotate, le sel *déflagre* (du latin *deflagrare*, brûler avec intensité) ou *fuse*. C'est-à-dire qu'aux points où tombent les fragments d'azotate, la combustion du charbon devient beaucoup plus vive et jette un éclat éblouissant. Cela tient à ce que l'azotate se décompose par l'action de la chaleur et du charbon, produit de l'oxygène et alimente quelque temps la combustion avec ce gaz.

En second lieu, la *poudre à tirer* étant un mélange *d'azotate de potasse*, de *charbon* et de *soufre*, ses propriétés se rattachent à ce mode de décomposition des azotates.

Les dissolutions aqueuses d'*azotate de potasse*, d'*azotate de soude*, sont neutres à la teinture de tournesol et au sirop de violettes, c'est-à-dire qu'elles n'altèrent pas leur couleur. On a choisi ces *azotates* comme types des *azotates neutres*. Le caractère est dans la composition de ces sels. Tout azotate est regardé comme neutre lorsque *la quantité de base qu'il renferme ne contient d'oxygène que le cinquième du poids de l'oxygène de son acide.* La plupart des azotates, étant formés d'une base moins énergique que leur acide, donnent, bien qu'on les nomme *azotates neutres*, des solutions aqueuses qui rougissent la teinture bleue de tournesol. Le mot *neutre* appliqué aux sels fait toujours allusion à leur composition, et non à leur action sur les teintures végétales.

La *potasse* et la *soude* attaquent les *azotates* des autres bases pour s'emparer de l'*acide azotique*.

Le *nitre* ou *salpêtre* est un *azotate de potasse*. On le produit dans les nitrières artificielles au moyen des *azotates de chaux* et *de magnésie*. L'*azotate de soude* est souvent désigné dans le commerce sous le nom de *salpêtre du Chili*. Il ne pourrait servir à faire de la *poudre*, parce qu'il absorbe l'humidité de l'air; mais on l'emploie pour la fabrication de l'acide azotique et surtout de l'acide sulfurique. L'*azotate* ou *nitrate d'argent* est célèbre pour ses propriétés caustiques, sous le nom de *pierre infernale;* il est par excellence la substance impressionnable à la lumière sur laquelle reposent les procédés de la photographie.

§ 3. — LES SULFATES

Les *sulfates* sont des sels susceptibles de se présenter en beaux cristaux; beaucoup sont incolores; mais le *sulfate de fer hydraté* est vert; le *sulfate de cuivre hydraté* est d'un beau bleu.

Les types des sulfates neutres sont les *sulfates de potasse* et *de soude*, qui, dissous dans l'eau, n'altèrent en aucune façon la teinture de tournesol ni le sirop de violettes. Dans ces sulfates, *le poids d'oxygène contenu dans la base est le tiers du poids d'oxygène contenu dans l'acide.*

Il existe d'autres sulfates où les proportions d'oxygène sont différentes. Les uns ont une quantité excédante de base; ce sont des *sous-sulfates* ou *sulfates basiques;* les autres contiennent, au contraire, une telle proportion d'*acide sulfurique* que l'*oxygène* de la base représente seulement le sixième du poids de l'oxygène de l'acide. Ce sont des *bisulfates* ou *sulfates acides;* ils renferment en même temps que la base une certaine proportion d'eau. Enfin il existe des *sulfates doubles*, c'est-à-dire des *sulfates* où l'*acide sulfurique* est combiné avec deux bases. L'*alun* ordinaire est un *sulfate double d'alumine et de potasse.*

La solubilité des *sulfates* dans l'eau varie d'une espèce à l'autre. Cependant la plupart des sulfates neutres sont solubles dans l'eau. Il faut excepter les *sulfates de baryte, d'étain, d'antimoine, de bismuth, de plomb, de mercure,* qui sont absolument insolubles dans l'eau, et les *sulfates de chaux, de strontiane* et d'*argent,* qui y sont très peu solubles.

Les *bisulfates* sont solubles dans l'eau.

Les *sulfates* ne se décomposent qu'à cause de la tendance de l'*acide sulfurique* à se réduire en *acide sulfureux.* La chaleur seule ne suffit généralement pas pour les décomposer; cependant le *sulfate de fer* (fabrication de l'acide sulfurique de Nordhausen) et les sulfates formés d'une base peu énergique se décomposent par la chaleur seule; mais le *sulfate de plomb,* les *sulfates de chaux, de magnésie, de baryte, de soude, de potasse,* sont indécomposables par ce moyen.

Tous les *sulfates,* au contraire, se décomposent lorsqu'on les chauffe suffisamment avec du *charbon.* Le *soufre,* moins puissant, n'aide à décomposer que les sulfates décomposables par la chaleur seule. Les *acides* n'ont en général aucune action sur les sulfates. La *baryte* et la *strontiane* décomposent tous les sulfates des autres bases et donnent un précipité de *sulfate de baryte* ou de *sulfate de strontiane.*

Parmi les *sulfates* importants, il faut citer : le *sulfate de soude,* connu sous le nom de *sel admirable de Glauber;* le *sulfate d'ammoniaque,* appelé *sel secret* de Glauber; le *sulfate de magnésie,* désigné sous les noms de *sel d'Epsom, sel d'Égra, sel de Sedlitz, vitriol de magnésie, sel cathartique amer* (cathartique veut dire purgatif); le *sulfate de chaux* ou *plâtre,* qui se nomme *gypse* ou *pierre* à plâtre lorsqu'il contient 10 pour 100 de son poids d'eau. Le *vitriol vert* est un *sulfate hydraté de protoxyde* de fer; le vitriol bleu, un *sulfate hydraté de protoxyde de cuivre;* le *vitriol blanc,* un *sulfate hydraté d'oxyde de zinc.*

§ 4. — LES CHLORURES

Les chlorures ne sont plus des composés *ternaires* (à trois éléments chimiques) comme les carbonates, les azotates et les sulfates; ce sont simplement des composés *binaires* (à deux éléments chimiques) résultant de la combinaison du *chlore* avec un autre corps simple. Rappelons-nous, en effet, comment réagit l'*acide chlorhydrique* sur une base, la *soude* par exemple. Cette réaction peut se représenter ainsi :

Il y a donc décomposition de l'acide et de la base pour former de l'eau. Il y a un cas où cela ne peut se passer de cette façon; c'est lorsque la base est l'*ammoniac*, qui se compose d'*azote* et d'*hydrogène*, qui est, en un mot, une base hydrogénée. Le résultat de la réaction est alors un sel ternaire, composé de *chlore*, d'*azote* et d'*hydrogène*, que l'on nomme *chlorhydrate d'ammoniaque*. Ce sel a d'ailleurs de grandes analogies avec les chlorures proprement dits.

La plupart des *chlorures* sont solides; quelques-uns sont liquides, comme le *bichlorure d'étain*, connu sous le nom de *liqueur fumante de Libavius*. Presque tous sont solubles dans l'eau; cependant le *chlorure d'argent*, le *protochlorure de mercure*, appelé *calomel*, sont tout à fait insolubles. Ils fondent tous assez facilement, c'est-à-dire à des températures de moins de 500°; les *chlorures de zinc, de bismuth, d'antimoine*, fondent au-dessous de 100°. Un grand nombre peuvent être vaporisés.

En général les chlorures sont très difficiles à décomposer.

Ainsi la chaleur seule ne réussit à attaquer que les *chlorures d'or, de platine,* et quelques autres moins importants. Le *chlorure d'argent* se décompose, comme les autres sels d'argent, sous la seule influence de la lumière; il se forme une fine poussière d'argent d'un violet foncé, qui colore le sel en noir. Chauffés au rouge, en présence de l'oxygène, de l'hydrogène ou de la vapeur d'eau, beaucoup de chlorures se décomposent.

Les chlorures peuvent se former directement. Le *chlore* gazeux agit très bien sur les métaux et donne ainsi naissance à un très grand nombre de chlorures. L'avidité du gaz chlore pour certains corps simples est même si forte, que la combinaison se fait avec dégagement de chaleur et de lumière. C'est une véritable combustion, bien que l'oxygène n'entre pas dans la réaction. Dans des flacons de gaz *chlore* on peut faire brûler ainsi de l'*antimoine* en poudre, qui s'y allume spontanément; il se produit du *chlorure d'antimoine.* Une spirale de *cuivre* préalablement chauffée au rouge à l'une de ses extrémités brûle dans le gaz *chlore,* en donnant du *chlorure de cuivre.*

Le gaz chlore dirigé sur une dissolution aqueuse non concentrée de *potasse* ou de *soude,* dans un lait de chaux (sorte de bouillie claire de chaux en poussière et d'eau), produit des corps importants auxquels on donne le nom de *chlorures,* mais qui sont réellement des mélanges de deux sels. L'*eau de Javelle,* que l'on appelle parfois *chlorure de potasse,* est un mélange de *chlorure de potassium* et d'*hypochlorite de potasse.* L'*eau de Labarraque* ou *chlorure de soude* est un mélange de *chlorure de sodium* et d'*hypochlorite de soude.* Le *chlorure de chaux* est un mélange de *chlorure de calcium* et d'*hypochlorite de chaux.* L'eau de Javelle est communément employée au blanchissage du linge et au blanchiment des étoffes; mais aujourd'hui, sous ce nom, on ne vend guère que de l'eau de Labarraque. C'est surtout le chlorure de chaux ou *poudre des blanchisseurs* qui s'emploie aujourd'hui pour ces mêmes usages. Tous ces corps agissent comme le gaz chloré, parce qu'ils en contiennent beaucoup et en dégagent très facilement.

Le plus important des *chlorures* est le *sel marin* ou *sel commun*, dont il sera parlé plus loin. J'ai déjà dit souvent que c'est un *chlorure de sodium*. Les chlorures les plus remarquables après celui-là sont : le *bichlorure d'étain*, ou *liqueur fumante de Libavius*, qui est employé dans la teinture ; le *calomel* ou *mercure doux*, qui est un *protochlorure de mercure*; le *sublimé corrosif*, qui est un *bichlorure de mercure*; tous deux sont très employés en médecine.

§ 5. — LES SULFURES

Les *sulfures* abondent dans la nature ; un grand nombre de minerais métalliques sont des combinaisons du soufre avec le métal. Ce sont, pour l'immense majorité, des corps solides, sans odeur et sans saveur. Le sulfure de carbone fait exception. J'en dirai plus loin quelques mots. La plupart sont colorés, les uns en noir, d'autres en jaune de diverses nuances ou même en rouge, d'autres en brun. Quelques-uns, comme les *sulfures de plomb, de fer, de cuivre, d'antimoine*, ont un éclat métallique. Ils fondent, en général, au-dessous de la température rouge; quelques-uns peuvent être réduits en vapeurs. Il est très fréquent que le même corps simple se combine avec diverses quantités de soufre; il y a donc, pour beaucoup de corps, un *protosulfure* ou *monosulfure*, un *bisulfure*, etc.

La plupart des sulfures sont insolubles dans l'eau; il faut excepter les *sulfures de potassium, de sodium, de barium, de calcium, de magnésium*, et deux ou trois autres.

Aucun sulfure n'est décomposable par la seule action de la chaleur, si l'on excepte les sulfures d'or et de platine. On attaque beaucoup de sulfures en les chauffant en présence de l'air; c'est ce qu'on appelle les *griller*. Il y a oxydation tantôt du *métal* seulement, et on obtient un *oxyde métallique;* tantôt du *métal* et du *soufre*, et on obtient un *hyposulfate* ou même un *sulfate*.

On emploie en peinture le *réalgar* ou *sulfure rouge d'arsenic*, qui est un *protosulfure*, et l'*orpin* ou *orpiment*, couleur jaune qui est un *trisulfure d'arsenic*. On connaît comme minerais métalliques : la *pyrite martiale*, *marcassite* ou *pyrite de fer*, qui est un *sulfure de fer;* la *blende* ou *sulfure de zinc;* la *pyrite cuivreuse* ou *chalcopyrite*, qui est un *sulfure de cuivre;* la *galène* ou *sulfure de plomb;* le *cinabre* ou *vermillon*, qui est un *sulfure de mercure*.

Le *sulfure de carbone* a été découvert en 1796 par un savant nommé Lampadius. C'est un liquide d'une odeur très désagréable, qui rappelle un peu celle des chevaux pourris; il est à peu près incolore. Il est extrêmement fluide, bien qu'il pèse un peu plus que l'eau; il pèse 1 kilogramme 293 par litre. Il bout à 48° et s'évapore, à la température ordinaire, avec rapidité. Il est donc habituellement entouré de sa propre vapeur. Cela est important à se rappeler; car le sulfure de carbone est extrêmement facile à enflammer, et sa vapeur, mêlée à l'air, détonne lorsqu'elle s'allume. Il faut donc prendre la précaution de ne pas en approcher un corps allumé. C'est un agent dangereux pour les chances d'incendie. Il donne, en brûlant, de l'acide carbonique et de l'acide sulfureux. Sa flamme est pâle et bleue. Le sulfure de carbone ne se dissout pas dans l'eau; mais il est très soluble dans l'alcool et dans l'éther. Une de ses propriétés importantes est celle de dissoudre le soufre, le phosphore et les corps gras. Longtemps resté sans usages, ce corps est employé de plus en plus pour divers objets. Les fabricants de caoutchouc vulcanisé s'en servent pour dissoudre le soufre et le faire déposer, par évaporation, dans le caoutchouc. Il rend de grands services dans l'extraction de diverses graisses, qu'il dissout en quantités considérables. L'agriculture l'applique en diverses circonstances pour combattre les insectes nuisibles, et entre autres le phylloxera de la vigne.

La multiplication toujours croissante des usages du sulfure de carbone a fait naître une industrie qui a pour objet de le fabriquer. Cette fabrication consiste à chauffer au rouge des morceaux de charbon et des morceaux de soufre, à l'abri de l'air.

§ 6. — LES PROPRIÉTÉS GÉNÉRALES DES SELS

Dans le langage des anciens chimistes, le nom de *sel* s'appliquait à tout corps qui se solidifie en formant des cristaux. Le *sel marin* (chlorure de sodium), l'*alun* (sulfate double d'alumine et de potasse), le *salpêtre* ou *nitre* (azotate de potasse), les *vitriols bleu, blanc* et *vert* (sulfates de cuivre, de zinc et de fer), étaient les types des sels jusqu'à la fin du XVIIIe siècle. La commission de l'Académie des sciences de Paris, qui, en 1787, fonda le système moderne de nomenclature chimique, changea le sens de ce mot pour le rendre plus précis. Elle appela *sel* tout corps formé par la combinaison d'un acide et d'une base.

Les sels sont en général des corps solides, capables de cristalliser. Le volume et les formes de cristaux varient selon les espèces de sels. Un grand nombre de sels sont incolores avec transparence plus ou moins complète, ou d'un blanc plus ou moins mat. Les sels colorés proviennent de sels où il entre un acide coloré ou une base colorée. Ainsi, l'acide chromique (*chrome* et *oxygène*), qui est d'un jaune rougeâtre, donne des chromates colorés en jaune ou en rouge quand la base elle-même est colorée. Les oxydes de cuivre, de fer, qui sont colorés, donnent une coloration à la plupart des sels où ils entrent. Cependant il y a des sels qui, bien que renfermant un acide ou une base colorée, sont eux-mêmes incolores. La plupart des sels n'ont pas d'odeur. Ceux qui sont insolubles dans l'eau n'ont pas de saveur; mais ceux qui sont solubles dans l'eau ont généralement une saveur qui peut servir à les reconnaître.

En parlant des propriétés de l'eau, j'ai indiqué les principaux sels qui se dissolvent dans ce liquide. Je donnerai ici quelques règles générales concernant la solubilité des sels.

En général, un sel est d'autant plus soluble dans l'eau qu'il est moins cohérent et plus avide d'eau. On favorise donc la solubilité d'un sel, si on le réduit en menus fragments ou même en poussière pour l'introduire dans l'eau. Un sel anhydre capable de s'hydrater, c'est-à-dire de se combiner avec une certaine quantité d'eau, est donc plus soluble que lorsqu'il est hydraté.

L'eau, à une température déterminée, ne peut dissoudre qu'une certaine quantité de tel ou tel sel soluble. Lorsqu'elle tient cette quantité maximum en dissolution, si on en ajoute, le sel ne se dissout plus; on dit alors que la dissolution est *saturée* (du mot latin *satur*, rassasié). Lorsqu'on refroidit une dissolution saline saturée, comme le refroidissement diminue en général le pouvoir dissolvant de l'eau, cette dissolution se trouve bientôt *sursaturée*. Alors on voit réapparaître une partie du sel, qui reprend l'état solide et forme un *précipité* au fond du vase. C'est une couche solide pulvérulente ou cristalline qui se dépose sous la solution.

Une solution aqueuse saturée d'un sel donné peut dissoudre un autre sel soluble qui ne décompose pas le premier. Une solution saline peut donc fort bien contenir plusieurs sels solubles.

En général, les dissolutions de sels dans l'eau bouillent à une température plus élevée que ne fait l'eau pure.

Beaucoup de sels, en se dissolvant dans l'eau, se combinent avec une partie de ce liquide. Alors le sel cristallisé que l'on obtient en évaporant la dissolution diffère du sel que l'on a dissous C'est un sel hydraté.

La dissolution de certains sels dans l'eau est accompagnée d'un refroidissement considérable (exemple : l'azotate d'ammoniaque); d'autres fois, au contraire, elle a lieu avec un échauffement très marqué; parfois enfin la température ne change pas sensiblement.

Dans chaque genre de sels, après une certaine étude de leurs propriétés, on est convenu de considérer comme *sels neutres* de ce genre ceux qui présentent une composition déterminée. Cette composition est caractérisée par le rapport du poids d'oxygène contenu dans la base au poids d'oxygène contenu dans l'acide. Ce rapport est ce qu'on nomme la *loi de composition* du genre de sels.

Les *carbonates* et les *sulfites* neutres contiennent dans la base un poids d'oxygène *moitié* moindre que celui de l'acide. — Les *sulfates*, les *chromates*, les *borates* neutres ont dans leur base *un tiers* du poids d'oxygène de l'acide; — les *azotates*, les *chlorates* neutres, *un cinquième;* — les *phosphates* neutres, *trois cinquièmes*.

On nomme *sel basique* tout sel où le poids de l'oxygène de la base comparé à celui de l'acide excède la quantité indiquée par la loi de composition du genre. Ainsi un *azotate* est *basique* si sa base contient *deux cinquièmes* du poids d'oxygène de l'acide. Inversement tout sel est nommé *sel acide*, si le poids d'oxygène de l'acide comparé à celui de la base est en excès sur la proportion indiquée par la loi de composition du genre. Ainsi un sulfate est acide lorsque sa base ne contient d'oxygène qu'*un sixième* du poids d'oxygène de l'acide.

Il est des sels qui s'altèrent à l'air, et cette altération est de nature diverse. Un sel est *efflorescent* (du latin *efflorescere*, fleurir) lorsque, exposé à l'air, il se recouvre d'une poussière blanche, ou moins foncée, s'il est coloré. Cette poussière lui enlève peu la transparence qu'il pouvait avoir; elle altère la netteté des formes de ses cristaux. Les sels efflorescents doivent cette altération à ce qu'ils sont hydratés et se décomposent lentement pour abandonner à l'air l'eau qu'ils renferment. Le sulfate de soude est très efflorescent; le sulfate de cuivre l'est légèrement. Le sel marin est efflorescent lorsqu'il est exposé à l'air bien sec.

On dit qu'un sel est *déliquescent* (du latin *liquescere*, se liquéfier) lorsque, exposé à un air qui n'est pas parfaitement sec, il s'y recouvre d'une couche d'humidité qui va en augmentant peu à peu, et qu'il finit par fondre dans l'eau empruntée à l'air environnant. Ce phénomène consiste donc dans une absorption lente de l'humidité de l'air. Le sel marin, efflorescent dans l'air bien sec, est déliquescent dans l'air humide. Les azotates de chaux, de magnésie, d'ammoniaque, de soude, l'azotate d'argent fondu, le carbonate d'ammoniaque sont des sels particulièrement déliquescents.

§ 7. — LES LOIS DE BERTHOLLET

La solubilité d'un grand nombre de sels dans l'eau donne la facilité de se servir très fréquemment de solutions salines pour faire réagir les sels entre eux ou sur les autres corps. Les chimistes ont donc coutume d'opérer, surtout au moyen des solutions de sels dans l'eau; un verre ou un petit ballon, s'il est nécessaire de chauffer quelque peu, constitue l'appareil ordinaire de ces expériences. Les changements que présente la dissolution lorsqu'on la verse dans une autre, ou sur un corps solide plus ou moins divisé, fournissent rapidement des indications précises sur les phénomènes de composition ou de décomposition qui ont eu lieu, et sur la nature des corps dissous. L'apparition des *précipités*, ou dépôts de corps reprenant l'état solide dans la dissolution, est surtout extrêmement commode pour distinguer les corps les uns des autres. Ce sont ces dissolutions révélatrices toutes préparées qui constituent proprement ce que, dans les laboratoires de chimie, on nomme les *réactifs*.

Un chimiste éminent, déjà nommé plusieurs fois dans les pages précédentes, Berthollet, a résumé en un petit nombre de lois les phénomènes auxquels donnent lieu les *sels* en agissant les uns sur les autres, ou lorsqu'on les met en présence des *acides* ou des *bases*. Ces lois peuvent s'énoncer en neuf propositions, dont nous nous bornerons à énoncer les plus importantes.

1° *Action des acides sur les sels.*

Un acide décompose toujours un sel, lorsqu'il peut former avec sa base un sel insoluble. L'apparition du précipité du sel insoluble annonce la décomposition. Exemple : dans une solution d'*azotate de baryte*, versez de l'*acide sulfurique normal*. Le *sulfate de baryte* qui peut se former est insoluble. Il apparaît aussitôt un précipité blanc et lourd de *sulfate de baryte*.

Un acide décompose complètement un sel dont l'acide est plus volatil que lui. Le dégagement d'un gaz annonce la décomposition. — Exemple : sur un *carbonate* pulvérisé, ou dans une solution d'un carbonate soluble, versez de l'*acide sulfurique* ou de l'*acide chlorhydrique*; il se manifeste une vive effervescence. C'est l'*acide carbonique* gazeux qui se dégage en abondance; il se forme un *sulfate* ou un *chlorure*.

2° *Action des bases sur les sels.*

Une base décompose toujours un sel quand elle peut former avec son acide un sel insoluble. — Exemple : dans une dissolution de *carbonate de soude* versez de l'*eau de chaux*; il apparaît un précipité blanc, c'est du *carbonate de chaux*, sel insoluble dans l'eau non chargée d'acide carbonique.

Une base fixe, c'est-à-dire non volatile, décompose toujours un sel dont la base est volatile. — Exemple : dans une dissolution de *sulfate d'ammoniaque* versez de l'eau de *chaux*;

il se dégage un gaz d'une odeur caractéristique, le *gaz ammoniac*. Ce fait annonce la décomposition.

Une base soluble décompose complètement un sel dont la base est insoluble. Il se fait un précipité qui annonce la décomposition. — Exemple : dans une solution aqueuse de *sulfate de cuivre* versez une solution aqueuse de *potasse;* il se produit un précipité d'un bleu grisâtre qui est du *bioxyde de cuivre* hydraté, mais insoluble.

3° *Action des sels sur d'autres sels.*

Deux sels solubles se décomposent mutuellement, lorsqu'en échangeant leurs acides et leurs bases ils peuvent former un sel insoluble. L'apparition d'un précipité annonce la décomposition. — Exemple : prenons deux dissolutions salines, l'une d'*azotate de chaux*, l'autre de *carbonate de soude*. Supposons que les deux sels échangent leurs acides et leurs bases; on aurait de l'*azotate de soude* (soluble) et du *carbonate de chaux* (insoluble). Versez l'une des dissolutions dans l'autre, il se produit aussitôt un précipité blanc, qui est du *carbonate de chaux;* l'*azotate de soude* reste dissous.

Deux sels se décomposent mutuellement lorsque, chauffés ensemble, ils peuvent, en échangeant leurs acides et leurs bases, produire un sel non volatil et un sel volatil. — Exemple : chauffez dans une cornue du *carbonate de chaux* et du *sulfate d'ammoniaque;* il se dégage des vapeurs de *carbonate d'ammoniaque* et il reste du *sulfate de chaux* dans la cornue.

L'*acide sulfhydrique* est un réactif très fréquemment employé sous la forme de dissolution dans l'eau. Il est utile de connaître son mode d'action sur les sels importants.

L'*acide sulfhydrique* n'a aucune action sur les sels de *potasse*, de *soude*, d'*ammoniaque*, de *baryte*, de *strontiane*, de *chaux*, de *magnésie*, d'*alumine*. Il décompose partiellement les sels de *fer*, de *nickel*, de *cobalt*, de *chrome*, de *zinc*. Il décompose complètement les sels d'*étain*, d'*anti-*

moine, de *cuivre*, de *plomb*, de *bismuth*, de *mercure*, d'*argent*, d'*or* et de *platine*. Ces décompositions fournissent des précipités dont quelques-uns sont très caractéristiques.

Précipités donnés par l'acide sulfhydrique dans les dissolutions des sels suivants :

Sels de zinc	précipité	*blanc.*
— de bioxyde d'étain	—	*jaune pâle.*
— de protoxyde d'étain	—	*brun chocolat.*
— d'antimoine	—	*orangé.*
— de bismuth	—	*brun-noir.*
— de cuivre	—	*brun sombre.*
— de plomb	—	*brun-noir.*
— de mercure	—	*noir.*
— d'argent	—	*noir.*
— d'or	—	*noir.*
— de platine	—	*noir.*

La nature nous fournit un très grand nombre de sels. Longtemps les chimistes ne surent pas les obtenir par les procédés de l'art. Au milieu du XVIIe siècle, Glauber parvint à préparer artificiellement le *sulfate de potasse* (jadis nommé *sel polychreste de Glauber*) et le *sulfate de soude* (*sel admirable de Glauber*). Aujourd'hui nous obtenons tous les sels, et nous en faisons même que la nature ne nous présente pas spontanément. On les prépare quelquefois en faisant agir directement les acides sur les bases ; plus souvent en décomposant par un acide convenablement choisi un carbonate de la base que l'on veut ; souvent aussi, lorsqu'il s'agit d'un sel insoluble, par double décomposition de deux dissolutions, dont l'une contient la base et l'autre l'acide du sel que l'on désire ; parfois enfin, en traitant certains métaux par les acides ; beaucoup d'azotates se préparent de cette façon.

CHAPITRE XI

LES PROPRIÉTÉS GÉNÉRALES DES MÉTAUX

§ 1. — LES SIX SECTIONS DE MÉTAUX

Les métaux sont des corps tous solides, sauf le *mercure*, qui est liquide à la température ordinaire. Ils ont un éclat spécial, surtout lorsqu'ils ont une surface bien unie; c'est l'*éclat métallique*. Généralement très opaques, ils ont la plupart une couleur grise qui tourne au blanc lorsqu'on les polit; le *cuivre* est rouge, l'*or* est jaune.

Soumis au travail du marteau, les uns se cassent, les autres s'aplatissent en lames parfois très minces. Ce sont les métaux *malléables* (du latin *malleus*, marteau). Les métaux *malléables* peuvent s'aplatir et se laisser tirer en lame entre les deux cylindres tournants du laminoir. Après un certain laminage, plusieurs métaux cessent d'être *malléables* et deviennent *cassants*; on dit alors qu'ils sont *écrouis*. En les *recuisant* on modifie leur structure intime et on leur rend leur malléabilité. L'*or* est le plus malléable des métaux; puis viennent l'*argent*, l'*aluminium*, le *cuivre*, l'*étain*, le *platine*, le *plomb*, le *zinc*, le *fer*, le *nickel*.

Lorsqu'on veut fabriquer des fils métalliques, on étire une tige du métal sur une machine appelée *banc à tirer*. Cette machine a pour pièce essentielle une plaque d'acier trempé appelée *filière*. Cette plaque porte des trous de diamètres gradués et à bords coupants. La tige est effilée à un bout de façon à pouvoir s'engager dans un au moins des trous de la filière. Une forte pince la saisit et la tire; la filière est fixée, la tige passe en s'amincissant à travers le trou. Les métaux qui supportent le mieux ce travail et se laissent étirer en fils fins sans se rompre sont appelés *ductiles* (du latin *ducere*, tirer). Si l'on range les métaux des plus ductiles aux moins ductiles, on a la série suivante : *or, argent, platine, aluminium, fer, cuivre, zinc, étain, plomb.*

La *ténacité* (du latin *tenax*, qui tient) se mesure par le poids nécessaire pour rompre un fil métallique auquel ce poids est suspendu. Voici une mesure des ténacités relatives de principaux métaux. Pour rompre un fil métallique d'un millimètre d'épaisseur dans les deux sens, il faut :

Fil de nickel. . .	80 kil		Fil d'or.	16 kil	5
— de fer	62	3	— de zinc. . . .	12	4
— de cuivre. . .	34	4	— d'étain. . . .	3	0
— de platine. . .	31	2	— de plomb. . .	2	4
— d'argent . . .	21	1			

On est convenu de mesurer la *dureté* des corps solides au moyen d'un petit essai; on frotte une saillie de l'un des corps sur l'autre et réciproquement; celui-là est plus dur qui raye l'autre. On prend comme moyens d'essai le verre, le marbre ou carbonate de chaux compacte. — Sont rayés par le verre, mais rayent le marbre : le *fer*, le *nickel*, le *zinc*. — Sont rayés par le marbre : le *platine*, le *cuivre*, l'*or*, l'*argent*, l'*étain*. — L'ongle suffit pour rayer le *plomb*.

Tous les métaux nous sont connus à l'état liquide et à l'état de vapeur. Un petit nombre fondent au-dessous de 100°; ce sont le *mercure*, qui fond à 39° au-dessous de 0. Aussi ne le connaissons-nous que liquide ; le *potassium* fond à 55° au-dessus de 0, le *sodium* à 90°. Les autres fondent à des températures bien plus élevées.

L'étain	fond à	228°	
Le plomb	—	335	
Le zinc	—	410	
L'aluminium	—		(températ. rouge).
L'argent	—	1000	(-- rouge vif ou cerise clair).
Le cuivre	—	1100	(— orangé foncé).
L'or	—	1250	(— orangé clair).
Le fer forgé	—	1500	(— blanc).
Le platine	—	2000	(— blanc éblouissant).

La plupart des métaux pèsent plus que l'eau sous le même volume.

Poids de 1 centimètre cube des principaux métaux.

Potassium. . .	0 gr	86	Cuivre en fil . .	8 gr	96
Sodium. . . .	0	97	Cuivre fondu. .	8	85
Magnésium. . .	1	75	Argent fondu. .	10	47
Aluminium. . .	2	60	Plomb	11	45
Zinc fondu. . .	7	19	Mercure. . . .	13	59
Fer fondu . . .	7	21	Or fondu . . .	19	30
Fer en barre . .	7	78	Platine laminé. .	23	»
Étain fondu. . .	7	29			

Tous les métaux conduisent bien la chaleur et l'électricité, c'est-à-dire qu'ils les transmettent avec facilité et promptitude.

§ 2. — LA FONTE DE FER

Les métaux usuels se trouvent, dans la nature, non pas à l'état natif, c'est-à-dire à l'état de métal isolé, mais à l'état d'oxydes, de sulfures ou de sels, dans des matières minérales que l'on nomme des *minerais*.

Les minerais de fer sont nombreux. Les uns sont des *oxydes de fer*, les autres du *carbonate de fer*.

Pour extraire le fer métallique de ses minerais, on opère de façon à lui enlever son *oxygène* au moyen du *carbone* en chauffant à très haute température. Deux méthodes sont suivies. Dans la *méthode catalane*, on opère sur des minerais très riches en fer; c'est l'*oxyde de fer* même du minerai (souvent carbonaté) qui sert à rendre fusible la cangue siliceuse. On chauffe le minerai avec du *charbon;* il se forme, par la combustion à l'air, de l'*acide carbonique*. Mais ce gaz rencontre en dessus de l'amas où s'élabore le fer une nouvelle couche de *charbon* incandescent. Là l'*acide carbonique* se réduit en *oxyde de carbone*. Celui-ci attaque l'*oxyde de fer*, lui enlève de l'*oxygène* et repasse à l'état d'*acide carbonique*. Cependant le *silicate d'alumine* de la roche (ou *gangue*) qui contient le minerai a, de son côté, enlevé de l'*oxyde de fer* au minerai et a formé un *silicate double d'alumine et de fer*. Ce sel, facilement fusible, coule du foyer avec le *fer* fondu provenant de la réduction d'une partie de l'oxyde de fer par l'oxyde de carbone. On prend cette masse mélangée commençant à se solidifier, on la bat sous un marteau de 600 kilogrammes. Le silicate encore liquide, ou *scorie*, jaillit sous les coups du marteau; il ne reste plus qu'une masse de fer métallique forgé. Dans la *méthode des hauts fourneaux*, on évite de sacrifier une partie de l'oxyde de fer du minerai pour former le silicate fusible, parce que l'on opère sur des minerais médiocrement riches. Pour faire fondre la gangue on a recours à ce qu'on appelle la *castine*, c'est-à-dire du carbonate de chaux, qui se décompose et transforme le silicate de la roche en un silicate double d'alumine et de chaux. C'est un composé moins fusible que le silicate d'alumine et de fer; on est donc obligé de chauffer à plus haute température le mélange de minerai, de charbon et de castine. Le charbon agit comme dans l'autre méthode, et c'est l'*oxyde de carbone* qui se forme et intervient pour enlever l'*oxygène* à l'*oxyde de fer*. Mais la température est assez élevée pour que le *fer* fondu provenant de cet oxyde, au lieu de rester isolé, se combine avec du *carbone* et passe à l'état de *fonte*.

La *fonte* contient de 2 à 5 pour 100 de charbon. Un centi-

Fig. 88. — Coupe d'un haut fourneau.
A, gueulard par où on introduit le minerai. — BD, couches alternatives du minerai et du charbon ou du bois. — E, foyer. — F, buse par laquelle arrive l'air de la soufflerie. — G, fonte de fer liquide.

mètre cube de fonte pèse près de 6 gr. 8 à 7 gr. 8, suivant les qualités. On distingue la *fonte blanche* et la *fonte grise*. La fonte blanche, la moins riche en charbon et la plus riche en fer, est d'un gris blanchâtre argenté; elle est dure, se laisse bien limer, et pèse plus que la grise, mais elle est très fragile au choc du marteau. La fonte grise contient du silicium et du carbone à l'état de graphyte mêlé à la fonte, ce qui la colore en gris.

L'*affinage* de la fonte est une opération par laquelle on la dépouille du carbone qu'elle contient pour la convertir en fer. Elle consiste à exposer la fonte refondue à un fort courant d'air qui oxyde le carbone et le fait dégager en gaz oxyde de carbone. Cette réaction se réalise par diverses méthodes qu'il n'est pas possible d'exposer ici.

§ 3. — LE FER ET L'ACIER

Le *fer* est un métal blanchâtre argenté, mais promptement altérable à l'air, à moins que celui-ci ne soit très sec. Il donne des fils très résistants, il se laisse bien étirer à la filière et travailler au marteau. Il pèse de 7 gr. 2 à 7 gr. 9 le centimètre cube, suivant la manière dont il a été travaillé. Soumis à l'action de la chaleur jusqu'à la température rouge, il s'amollit et devient comme une pâte compacte et incandescente; puis il fond vers 1,600. Le forgeage repose sur la propriété du fer de devenir mou au rouge vif et de se laisser modeler et souder à lui-même dans cet état. Le fer fondu se solidifie en une masse à texture grenue. C'est en le battant sous de lourds marteaux que l'on rend sa texture fibreuse et qu'on donne à la masse du nerf et de la ténacité. Le bon fer est de couleur claire et mate ou gris et brillant à la fois. Le fer a la propriété spéciale d'être attiré par la *pierre d'aimant* (oxyde de fer magnétique) ou par les barreaux aimantés. Quant à ses usages, chacun les connaît, et il faut renoncer à les indiquer.

Le fer forme quatre oxydes, dont deux s'unissent aux acides pour former des sels; ce sont le *protoxyde* et le *sesquioxyde*.

Ce dernier se produit quand le fer se rouille à l'air humide, et il passe peu à peu à l'état de carbonate en absorbant l'acide carbonique de l'air. En calcinant l'azotate ou le carbonate de sesquioxyde de fer, on le décompose et l'on obtient pour résidu fixe de l'opération ce même sesquioxyde, auquel on a coutume de donner alors le nom de *colcothar*. L'*oxyde magnétique* n'est pas une base; il ne se combine pas avec les acides.

Pour protéger le fer contre les altérations qu'il subit si facilement à l'air, on le recouvre d'une couche d'autres métaux plus fusibles que lui. Le *fer-blanc* est de la tôle de fer qui a été plongée dans un bain d'étain fondu. Le *fer galvanisé* est du fer recouvert de zinc par un moyen analogue ou par la galvanoplastie.

L'*acier* est un composé de *fer* et de *charbon;* mais il ne renferme pas plus de 2 pour cent de charbon, et souvent 6 à 7 pour 1000 seulement. Il fond vers 1800°. A une haute température, voisine de son point de fusion, il se pulvérise sous le marteau; aussi ne peut-on le souder à lui-même comme le fer. Mais à froid il se martèle très bien sans se rompre, et même à chaud au-dessous de 1500°. Une propriété toute particulière de l'acier, c'est de se modifier complètement par la *trempe*. Cette opération consiste à chauffer l'acier au rouge plus ou moins vif et à le plonger brusquement dans l'eau froide. L'acier trempé devient élastique, dur et cassant à un degré plus ou moins prononcé. L'acier pèse de 7 gr. 70 à 7 gr. 84 par centimètre cube. Pour fabriquer l'acier on peut opérer de deux manières : soit combiner le fer avec une petite quantité de charbon; soit dépouiller la fonte de la quantité de carbone (de 30 à 5 pour 1000) qu'elle contient en plus que l'acier. L'acier obtenu par la première méthode se nomme *acier poule*, ou *acier de cémentation*. Ce dernier nom provient de ce que l'on chauffe les barres de fer dans un mélange de charbon et de cendres appelé *cément*. La seconde méthode, qui se pratique de diverses façons, donne ce qu'on nomme l'*acier naturel*, et encore *acier d'alliage* ou l'*acier pudlé* (affiné). Tous les procédés ne sont au fond qu'un affinage partiel de la fonte, c'est-à-dire une oxydation d'une partie du carbone de la fonte en fusion au moyen d'une grande quantité d'air.

Quel que soit l'acier que l'on a fabriqué, il faut le *corroyer* et souvent le *fondre*. La première opération consiste à réunir des lames d'acier trempé en de petits paquets que l'on chauffe fortement et que l'on forge sous un marteau mécanique appelé marteau pilon, jusqu'à convertir chaque paquet en une seule masse appelée *lopin*. Enfin, pour faire de l'acier de qualité supérieure, on fond dans des creusets d'argile réfractaire au feu (ne fondant pas) des lopins d'acier pudlé, ou plutôt encore d'acier cémenté, et l'on coule en lingots l'acier fondu.

La fabrication des armes blanches, sabres, épées, poignards, fleurets, baïonnettes, emploie beaucoup d'aciers pudlés. Les aciers les plus durs employés pour les burins, les ciseaux à froid, la coutellerie fine, les ressorts de montre, les coins à frapper les monnaies sont des aciers fondus. La quincaillerie met en œuvre beaucoup d'aciers de cémentation.

Le fer et l'acier se distinguent chimiquement par un essai très simple : on laisse tomber sur un morceau d'acier une goutte d'acide azotique ordinaire étendu d'eau, puis on lave; il reste une tache noire, parce que l'acide attaque le fer de l'acier, le dissout (en le transformant en azotate de fer) et met à nu du charbon. Le même essai, si l'on opère sur du fer, ne donne aucune tache. Le fer ne contient plus de charbon.

§ 4. — LE CUIVRE

Le cuivre se rencontre à l'état natif (c'est-à-dire non combiné avec d'autres corps) dans quelques contrées. Mais le plus souvent on l'extrait de minerais qui sont des combinaisons de cuivre avec le soufre. C'est ce que l'on nomme des *pyrites* ou *sulfures de cuivre.*

C'est d'ailleurs un des premiers métaux que l'homme ait su extraire et travailler. Il est d'un rouge spécial; les mains, en le maniant, contractent une odeur désagréable. Il s'étire en fils très minces et se travaille très bien au marteau. Selon le traitement d'élaboration qu'il a subi, il pèse de 8 gr. 85 à 8 gr. 95 par centimètre cube. Il est plus fusible que le fer; sa fusion commence à 1150°, et en continuant à le chauffer on fait dégager des vapeurs de cuivre qui brûlent avec une flamme verte caractéristique. C'est d'ailleurs un métal très facilement altérable. A l'air humide il se couvre promptement de *vert-de-gris.* C'est un *carbonate de cuivre hydraté,* provenant de ce que le cuivre a d'abord pris de l'*oxygène* à l'air; puis l'*oxyde de cuivre* a pris à son tour de l'*acide carbonique;* enfin le sel ainsi formé a retenu de l'eau provenant de l'air humide. Les liqueurs un peu acides l'attaquent très facilement et donnent naissance à divers sels de cuivre qui sont tous vénéneux; il est donc très imprudent de conserver des aliments et des boissons dans des vases en cuivre.

Chacun sait que l'on fabrique avec le cuivre des bassines, des chaudières, des casseroles, des alambics, etc. Pour protéger la quille des navires contre les injures des animaux marins, on la couvre d'un doublage de feuilles de cuivre.

Le cuivre forme avec l'oxygène quatre composés, dont deux seulement méritent d'être cités : ce sont le *protoxyde* ou *oxydule de cuivre,* qui est en poudre rouge foncé; le *bioxyde* ou *oxyde de cuivre,* qui est en poudre noire. Ce dernier se dissout dans l'ammoniaque, et la liqueur, d'un bleu très riche, est l'*eau céleste des pharmaciens.*

Les sels de cuivre que l'on a l'occasion de rencontrer dans les usages des arts sont tous des sels de bioxyde. Il faut se défier de leurs propriétés vénéneuses et caustiques.

§ 5. — LE BRONZE ET LE LAITON

Lorsque les premiers hommes commencèrent à employer des métaux, au lieu de la pierre, du bois et des os, pour fabriquer des outils, armes et instruments, ce fut le *bronze* qui fut d'abord en usage. Les armes et outils tranchants eux-mêmes étaient en bronze. C'est bien plus tard et peu à peu que le fer et l'acier prirent rang dans l'industrie humaine. Les soldats de l'Égypte, de l'Assyrie, de la Perse, de la Grèce, les soldats romains des premiers temps de la république, les compagnons du héros gaulois Vercingétorix, cinquante ans avant Jésus-Christ, combattaient presque uniquement avec des armes de bronze.

D'une autre part, sept siècles avant Jésus-Christ, les Grecs savaient déjà fondre avec une certaine habileté des statues de bronze. Cet art était parvenu à une grande perfection au temps d'Alexandre le Grand (IVe siècle avant Jésus-Christ), et il demeura très florissant pendant plusieurs siècles.

L'invention de l'artillerie rendit au bronze un rôle dans l'armement militaire. Il servit à la fabrication des canons. Dès le XIVe siècle on commença à fondre des mortiers et des bombardes en bronze. Les canons, propres surtout à la guerre en campagne, datent de la fin du XVe siècle. Au XVIIe, le roi de Suède Gustave-Adolphe, puis le roi de France Louis XIV, donnèrent une vive impulsion à l'artillerie. Les frères Keller de Strasbourg créèrent sous ce souverain une ère remarquable pour la fonderie de bronze. Leurs canons et leurs statues sont encore regardés comme des œuvres de premier mérite.

Le *bronze* est composé de *cuivre* et d'*étain ;* c'est une de ces matières métalliques formées par l'union des métaux entre eux, que l'on nomme des *alliages*. Il y a de nombreuses variétés de bronze, parce que, selon les usages auxquels on destine l'alliage, on le compose différemment. On distingue par exemple : le *bronze des canons* et *des statues,* qui contient, pour 100 kilogrammes de bronze, 90 kilogrammes de cuivre et 10 kilogrammes d'étain ; le *métal des cloches,* 78 de cuivre et 22 d'étain ; le *bronze des médailles,* 95 de cuivre, 4,6 d'étain, 0,4 de zinc ; le *métal des cymbales,* 80 de cuivre et 20 d'étain ; le *bronze des monnaies françaises* de décimes et de centimes, 95 de cuivre, 4 d'étain, 1 de cuivre.

Le bronze, quelle que soit sa composition, se fait simplement en fondant ensemble les quantités de chaque métal indiquées ci-dessus. Il est d'un jaune rougeâtre, tournant au vert par l'exposition à l'air humide. Le métal des cloches est d'un blanc grisâtre. Le bronze d'ornement est tantôt doré, tantôt recouvert d'un vernis, tantôt légèrement altéré à sa surface au moyen d'un liquide contenant du vinaigre, du vert-de-gris et du sel ammoniac, avec lequel on le lave à chaud. La composition de ce liquide varie d'ailleurs quelque peu.

Le *laiton,* ou *cuivre jaune,* est un autre alliage composé de *cuivre* et de *zinc.* Il se fait comme le bronze, en fondant ensemble des morceaux de zinc et de la grenaille de cuivre dans les proportions voulues. Le laiton pur sert à fabriquer le fil de laiton et les épingles ; il contient 64 pour 100 de cuivre et 36 de zinc.

§ 6. — LE PLOMB ET LA CÉRUSE

Le principal minerai de plomb est la *galène* ou *sulfure de plomb,* qui souvent contient un peu d'argent.

Le plomb est un métal bien connu de tout le monde. Gris bleuâtre, et d'un vif éclat quand on vient de le couper, il se ternit très rapidement en s'oxydant à l'air très superficiellement. Il est flexible, peu tenace; il se casse au laminoir, s'étire seulement en gros fils; il se martèle bien. Il pèse de 11 gr. 35 à 11 gr. 45 le centimètre cube. La chaleur le fond à une température de 330°. Le plomb liquide, lorsqu'on continue à le chauffer au contact de l'air, se transforme peu à peu par la surface en un corps jaune très fusible que l'on nomme *massicot;* c'est un *protoxyde de plomb*. Si l'on chauffe à son tour le massicot dans un creuset en terre, il attaque les parois du creuset, lui prend de la *silice* et de l'*alumine,* et couvre l'intérieur du creuset d'un beau vernis de *silicate d'alumine* et *de plomb*. On laisse refroidir, et l'oxyde fondu dans l'intérieur du creuset se solidifie en une masse d'un jaune rougeâtre qu'on nomme la *litharge*. C'est en fondant ce corps par le sel marin qu'on obtient le *jaune minéral* des peintres. En calcinant à l'air un mélange de plomb et d'antimoine on obtient le *jaune de Naples,* également employé dans la peinture.

Le plomb ne s'altère pas au contact de l'eau ordinaire qui contient des matières salines en dissolution. L'eau distillée, l'eau de pluie l'attaquent, au contraire, et donnent des composés de plomb dangereux. Il ne faut pas mettre l'eau de pluie dans des réservoirs en plomb.

Le *massicot* n'est pas le seul oxyde de plomb. Chauffé à l'air à une température moindre que celle où il s'est formé, il absorbe de l'oxygène et passe à l'état de *minium*. C'est un oxyde rouge, d'une grande pesanteur spécifique. On l'emploie comme matière colorante rouge.

Le plomb est le métal des matières colorantes. Le *chromate de plomb* est encore une couleur jaune que les peintres appellent *jaune de chrome*. Enfin le *blanc de céruse* est un *carbonate basique de plomb*. C'est un sel insoluble, d'un beau blanc, décomposable par la chaleur en *litharge* et en gaz *acide carbonique*. Le gaz *hydrogène sulfuré* noircit la céruse, parce qu'il forme à sa surface un *sulfure de plomb* qui est noir.

La céruse est sans cesse en usage dans la peinture. Il y produit les accidents désignés sous le nom de *colique des peintres* ou *maladie saturnine*. Cela tient à ce que tous les sels de plomb sont vénéneux. Ils sont reconnaissables à leur saveur sucrée ; mais cela les rend d'autant plus dangereux. Souvent les enfants trouvent agréable de sucer des couleurs parce que la céruse qu'elles contiennent est agréable au goût. C'est une grande imprudence.

L'alliage avec lequel sont fabriqués les caractères d'imprimerie est composé de 80 pour 100 de plomb et 20 d'antimoine.

§ 7 — LE ZINC, L'ÉTAIN, LE MERCURE

Deux minerais fournissent le zinc : la *blende*, qui est un sulfure de zinc, et la *calamine*, qui est un *carbonate de zinc*.

Le zinc est un métal blanc-bleuâtre, mou, facile à déchirer et qui manque de ténacité. Il fond à environ 410° et se volatilise à 1,040°. Il pèse environ 7 grammes par centimètre cube. L'air humide l'oxyde à la surface, et l'acide carbonique de l'atmosphère y forme bientôt un carbonate. C'est ce qui le voile d'une couche blanchâtre. Il brûle à l'air avec une flamme d'un blanc verdâtre, et il se forme de légers flocons blancs qui voltigent dans l'air. Les alchimistes et les anciens chimistes leur donnaient le nom de *nihil album* (rien blanc), *lana philosophica* (laine philosophique). C'est de l'*oxyde de zinc*, connu aussi sous le nom de *blanc de zinc*.

L'*étain* s'extrait de la *cassitérite*, qui est un *bioxyde d'étain*.

C'est un métal d'un blanc argentin un peu jaunâtre. Lorsqu'on le manie, il exhale une certaine odeur; lorsqu'on plie une baguette d'étain, il se produit dans le métal un bruit spécial appelé cri de l'étain. Il est mou ; mais il se martèle très bien, au point de donner des feuilles nommées *papier d'étain*. L'étain pèse 7 grammes 3 le centimètre cube. Il fond à 228°. Chauffé à l'air, il se couvre d'une couche d'étain oxydé appelé *crasse;* si on enlève cette couche à mesure qu'elle se forme, tout le métal subit cette transformation, et ce que l'on a recueilli est ce que l'on nomme la *potée d'étain*. Le grand mérite de l'étain pour les usages domestiques consiste en ceci, que, tout en étant un métal assez facilement altérable, il ne donne aucun composé nuisible à la santé. On emploie donc, sans aucun inconvénient, l'étain pour la vaisselle et la poterie métallique. On recouvre d'une lame d'étain les métaux que l'on veut préserver de l'oxydation ou de l'atteinte des liquides capables de les altérer. Cela constitue l'*étamage*. On l'applique surtout au fer, à la fonte et au cuivre.

Le minerai qui fournit le *mercure* métallique est une matière rouge et pesante nommée *cinabre*. C'est un sulfure de mercure. Le métal que l'on en extrait est liquide à la température ordinaire ; c'est le *mercure,* vulgairement nommé *vif-argent*. Il bout à 350° et ne se solidifie qu'à 40° au-dessous de la température 0°. C'est un métal blanc argentin et très brillant quand il n'est pas sali. Il pèse 13 grammes 598 le centimètre cube, c'est-à-dire 13 kilogrammes 598 grammes le litre. Il ne mouille pas le verre, le bois, et coule en masses arrondies à leur surface. Mais il mouille le cuivre, l'argent, l'or, le plomb, l'étain, le zinc, et les attaque pour se combiner avec eux. Cependant il n'exerce aucune action sur le fer, la fonte, l'acier, le platine et l'aluminium. L'air n'altère que très lentement le mercure ; il forme à sa surface une mince couche grisâtre qui est du *protoxyde de mercure*. Le mercure, même à la température ordinaire, émet des vapeurs ; mais dans certaines industries, comme la dorure et l'étamage des glaces, l'élévation de la température active cette évaporation, et les ouvriers respirent habituellement une atmosphère mêlée de vapeurs mercurielles. Ces vapeurs exercent sur la santé une action très mauvaise et abrègent la vie.

Le mercure est employé comme métal liquide pour extraire de l'or et de l'argent de leurs minerais. Il forme avec la plupart des métaux des alliages désignés sous le nom d'*amalgames;* plusieurs sont employés à des usages industriels. La mince pellicule métallique qui adhère à l'une des faces de la lame de verre d'une glace, et que l'on appelle le *tain*, est une couche d'amalgame de *mercure* et d'*étain*.

Le *vermillon*, substance d'un beau rouge vif, fort employée par les peintres, est le *sulfure de mercure* fabriqué par un procédé industriel. C'est le même corps qui, parmi les minéraux, porte le nom de cinabre. On emploie en médecine le *calomel*, qui est un *protochlorure de mercure*, insoluble dans l'eau, et le *sublimé corrosif*, qui est un *bichlorure* très soluble dans l'eau.

§ 8. — L'ARGENT ET L'OR

Quel métal serait plus beau que l'argent si sa coloration blanche était durable, s'il conservait quelque peu le beau poli qu'il prend sous la main des *brunisseuses?* On nomme ainsi les ouvrières qui donnent à l'argent le beau poli par lequel sa coloration d'un blanc mat disparaît et tourne au brun avec un miroitement éclatant. Mais ces belles apparences ne se maintiennent pas. L'argent prend peu à peu une couleur jaunâtre, qui devient de plus en plus foncée; il finit par noircir. Quelle altération subit-il dans ce cas? Est-ce l'air qui l'attaque? Non; l'argent est indifférent pour l'oxygène même à des hautes températures. Il ne s'oxyde pas à l'air, ni sec, ni humide, ni même chauffé au-dessous de 2,000° (rouge blanc éblouissant). Ce n'est pas une oxydation qu'il subit; c'est une *sulfuration* (combinaison avec le soufre). Les matières organiques et les personnes même dégagent sans cesse, dans nos demeures, de très faibles quantités de gaz *hydrogène sulfuré* ou *acide sulfhydrique*. Cela suffit pour attaquer la surface des objets en argent et y former une très légère couche de *sulfure d'argent;* or ce corps est noir. Il suffit de frotter avec un linge imbibé d'ammoniaque les surfaces noircies, pour leur rendre leur premier aspect. L'argent fond à 1,000° environ ; au rouge étincelant il émet de légères vapeurs verdâtres. Il pèse 10 grammes 50 par centimètre cube. Lorsqu'on obtient un précipité d'argent par la décomposition d'une des combinaisons de ce métal, à la température ordinaire, l'argent très divisé n'apparaît pas blanc, comme on pourrait s'y attendre ; il se montre sous l'aspect d'une très fine poudre d'un noir violacé.

L'argent se dissout dans l'acide azotique, parce qu'il y forme un *azotate d'argent* soluble. Il se ternit au contact du sel marin, qui est un *chlorure de sodium,* par suite d'une petite couche très légère de *chlorure d'argent* qui se forme à la surface.

Ce métal si recherché nous vient de plusieurs origines. Le Mexique, la république Argentine, le Pérou, la Bolivie, le Chili et les États-Unis fournissent les onze douzièmes de l'argent qui se produit annuellement. Le reste est fourni par la Russie d'Asie et diverses contrées de l'Europe.

L'*or* est par excellence un métal précieux. Il est rare ; il est extrêmement peu altérable ; enfin il est d'une belle couleur jaune et susceptible de prendre un beau poli. C'est un des métaux les plus pesants ; le centimètre cube d'or pèse 19 grammes 50. C'est en outre un métal difficile à fondre ; il exige une température de 1,200°. Il ne se ternit pas à l'air ; il résiste à tous les acides ; mais il se dissout dans l'eau régale. L'or ne se laisse attaquer à la température ordinaire que par le chlore et le brome.

On rencontre très communément l'or à l'état métallique dans la nature, mais en très petite quantité dans l'immense majorité des pays. Un très grand nombre de rivières et de fleuves contiennent des paillettes d'or dans le haut de leur cours. En France, l'Ariège (en latin *aurigerens,* porte-or) doit son nom à cette circonstance. Dans la plupart des cas, l'exploitation en est très peu fructueuse. Quelques contrées

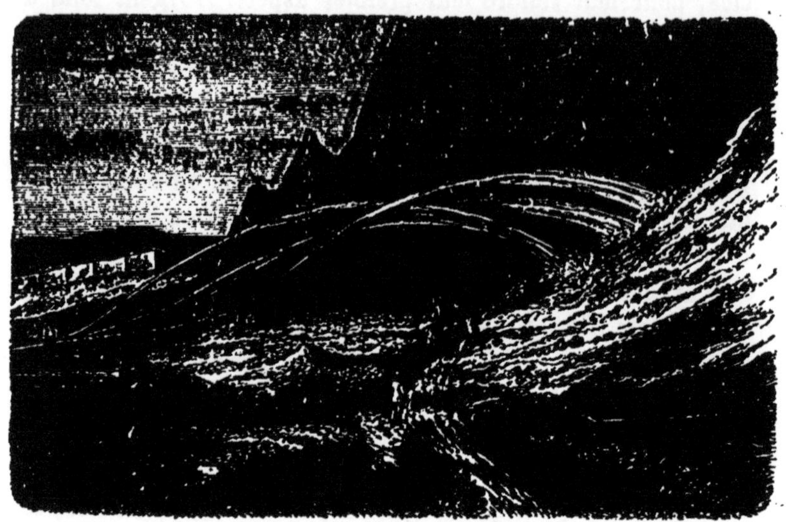

Fig. 39. — Exploitation des gisements d'or de la Californie par les injections d'eau violemment projetées contre la roche.

seulement renferment des gisements d'or riches et vraiment productifs. Les anciens et les hommes du moyen âge, jusqu'à la fin du xve siècle, tiraient l'or de l'Italie méridionale, de l'Espagne, de l'Illyrie et des pays situés au bord du fleuve Indus. L'or était alors véritablement rare. Mais le nouveau monde nous a livré des gisements d'or d'une richesse incomparablement supérieure, au Brésil, au Pérou et au Mexique. Leur exploitation par les Européens a commencé avec le xvie siècle; elle a notablement fait baisser la valeur que l'or avait eue jusque-là. En 1842, on a découvert de nouveaux gisements dans les monts Ourals; en 1847, d'autres beaucoup plus riches en Californie; en 1851, d'autres encore en Australie; enfin, il paraît en exister aussi au cap de Bonne-Espérance. Les mines d'or sont donc assez nombreuses maintenant. Dans tous ces gisements l'or est à l'état natif, c'est-à-dire à l'état de métal tout isolé. Lorsqu'il est mêlé à une trop grande quantité de matières étrangères, on l'extrait au moyen du *mercure*. L'amalgame d'or est ensuite décomposé par la chaleur et isolé du mercure par la distillation de ce dernier. Nous avons déjà vu cela pour l'argent. Par exception, on rencontre parfois l'or en assez gros morceaux arrondis, que l'on nomme *pépites*.

CHAPITRE XII

LES ALCALIS ET LES TERRES

§ 1. — LES POTASSES ET LES SOUDES

Chacun a vu dans un foyer éteint, où a brûlé du bois, un résidu connu sous le nom de *cendres*. Il se compose de corps incombustibles, puisqu'ils ont supporté la combustion du bois et lui survivent. Si on lave ces cendres avec de l'eau, elles perdent une partie importante de leur poids, et le liquide de lavage, que l'on nomme une *lessive*, est devenu *alcalin*, c'est-à-dire qu'il verdit le sirop de violettes et ramène au bleu la teinture rougie de tournesol. En faisant évaporer ce liquide au moyen de la chaleur, on obtient un résidu sec appelé *salin*. C'est la matière première des *alcalis*:

Lorsqu'on a brûlé du bois, des branches d'arbres, des végétaux herbacés des forêts, le salin est surtout formé de *carbonate de potasse*. En incinérant, au contraire, certaines plantes des plages maritimes, on se procure un salin composé surtout de *carbonate de soude*. La Russie, l'Amérique, la Toscane, certaines régions forestières de la France fournissent surtout les salins de potasse ou *potasses brutes*. Les salins de soude ou *soudes brutes*, nommés aussi *barilles*, *salicors*, *blanquettes*, se préparent sur les rivages de la Méditerranée, à Alicante, à Carthagène et à Malaga (Espagne), à Narbonne et à Aigues-Mortes (France).

Les potasses brutes sont des corps d'apparence pierreuse, d'une couleur un peu brune. Les soudes brutes sont d'un aspect peu différent. On extrait encore de la potasse brute des cendres de varech, du suint (graisse de la toison) de mouton calciné, puis lessivé, des cendres des résidus des mélasses de betteraves.

Outre ces *potasses* et ces *soudes naturelles*, l'industrie met en œuvre des *potasses* et des *soudes artificielles* dont la production est extrêmement importante. Ce sont surtout les *soudes artificielles* qui jouent un grand rôle.

Les potasses brutes (qui sont du *carbonate de potasse*) sont employées dans la verrerie et la cristallerie ; dans la fabrication des savons mous dits *savons noirs;* dans la préparation des peaux chamoisées. Les soudes brutes servent aussi à la cristallerie et à la verrerie, à la fabrication des savons durs, au blanchiment des étoffes, à la teinture et aux impressions sur étoffes.

De la potasse brute on extrait la *potasse caustique* ou *pierre à cautère,* qui est de la *potasse* pure *hydratée.* Elle est en plaques blanches, déliquescentes à l'air et absorbant promptement l'*acide carbonique* de l'atmosphère pour passer superficiellement à l'état de *carbonate.* Elle a une saveur âcre et urineuse ; elle ramollit et détruit rapidement la peau sur laquelle on en place un fragment. Elle est très avide d'eau et s'empare énergiquement des acides pour former des sels.

La soude brute donne pareillement une *soude caustique* qui a des propriétés très analogues à celles de la potasse. Cependant elle n'est pas déliquescente, mais bien efflorescente à l'air.

La *potasse* ou la *soude* en lessive bouillie avec de l'*huile* forme une combinaison appelée *savon.* Marseille est le siège d'une importante fabrication de savons.

Jusqu'au commencement du siècle actuel, on ne connaissait pas bien la nature des *alcalis* et celle des *terres* dont il va être parlé bientôt. On ne savait pas les décomposer, et cependant on reconnaissait leurs grandes analogies avec des oxydes métalliques. En 1807, Humphry Davy, au moyen d'une pile puissante, décomposa pour la première fois la potasse, la soude, la chaux, la baryte. Il constata que tous ces corps se composent d'un métal uni à l'oxygène. Le métal dont la potasse est l'oxyde a reçu le nom de *potassium*. Il est solide, mais il fond à 55°; il est blanc à peu près comme l'argent et de consistance assez molle pour se laisser couper au couteau. Il se ternit presque immédiatement à l'air, parce qu'il s'oxyde et se couvre de potasse carbonatée. Il décompose l'eau à la température ordinaire ; on est obligé, pour le soustraire au contact de l'air et de l'eau, de le conserver dans de l'huile de naphte, qui est un carbure d'hydrogène. La soude est de même un oxyde d'un métal qu'on a nommé *sodium*. Il ressemble beaucoup au potassium; mais il ne fond qu'à 90°. Comme le potassium, il s'oxyde à l'air et décompose l'eau, à la température ordinaire. On le conserve aussi dans de l'huile de naphte.

§ 2. — LA POUDRE

Ce n'est pas ici le lieu de rechercher quel est l'inventeur de la *poudre*. Comme la plupart des grandes inventions, celle-ci est certainement due aux efforts de plusieurs et à de nombreux perfectionnements successifs d'inventions imaginées antérieurement. Il y a bien des siècles que les Chinois et les Hindous employaient pour armes de guerre, aussi bien que comme engins d'artifice lumineux, des mélanges de salpêtre, de soufre et de charbon. Les Arabes, vers le VIIIe siècle, apprirent d'eux à s'en servir. Dans leurs guerres avec ces conquérants, les Grecs du Bas-Empire connurent à leur tour ces mélanges incendiaires et s'efforcèrent d'en imaginer d'autres de leur côté. Leur *feu grégeois* avait sans doute pour agent principal le pétrole. C'est au commencement du XIVe siècle qu'un moine allemand, nommé Berthold Schwartz, reconnut les propriétés explosives d'un mélange de salpêtre, de soufre et de poussière de charbon, bien séché et réduit en poudre. Il conçut le parti qu'on en pouvait tirer pour lancer des projectiles. Longtemps on l'employa trop finement broyée, à l'état de pulvérin; enfin, au XVIe siècle, on commença à la *grener;* c'est-à-dire à la former en grains réguliers plus ou moins gros. Alors seulement on eut la véritable poudre, et le règne des armes à feu commença.

La poudre a peu varié de composition depuis cette époque ; elle offre peu de différences d'un État à un autre. La *poudre à canon* contient, en poids, 70 à 76 pour 100 de *salpêtre,* de 12 à 17 de *charbon* et de 8 à 15 ou 16 de *soufre;* la *poudre à mousquet* renferme de 75 à 80 de *salpêtre,* de 11 à 14 de *charbon,* de 8 à 11 de *soufre.* En France, voici le dosage adopté :

	POUDRE		
	de guerre.	de chasse.	de mine.
Salpêtre	75	76,9	62
Soufre.	12,5	9,6	20
Charbon	12,5	13,5	18
	100,0	100,0	100

Lorsqu'on enflamme la poudre à l'air, elle brûle avec déflagration et d'une façon très rapide, mais sans détoner si rien ne gêne le développement des gaz qu'elle produit. La combustion est due aux propriétés combustibles du soufre et du charbon ; la déflagration est due à l'azotate de potasse ou salpêtre, qui se décompose et active la combustion en donnant de l'oxygène libre. Mais la poudre n'a pas besoin de l'air extérieur pour brûler. Le salpêtre est très riche en oxygène. En se décomposant, il peut fournir au charbon l'oxygène dont il a besoin pour brûler.

On peut donc confiner, dans un petit espace privé d'air, de la poudre, et la faire brûler en l'allumant. Il se produit dans la combustion du gaz *acide carbonique,* du gaz *azote* et des gaz nitreux, et un composé qui se solidifie promptement par le refroidissement; c'est du *sulfure de potassium.* Il se produit alors une telle quantité de gaz chauds provenant de la poudre, que ceux-ci occupent au moins mille fois le volume de la poudre elle-même. Confinée dans l'espace qui contenait la poudre, cette quantité de corps gazeux élastiques presse tout autour d'elle pour se développer en espace; elle chasse donc le projectile hors du canon de l'arme avec une force qui, pendant quelques instants, va en croissant, et elle lui imprime une vitesse très grande.

§ 3. — LE SEL COMMUN

Le *sel commun, sel de cuisine, sel marin* ou *sel gemme* est employé depuis la plus haute antiquité dans l'alimentation de l'homme et des bestiaux. Selon leur situation géographique, les divers peuples l'ont tiré et le tirent encore du sol, des sources salées ou des eaux de la mer.

Il existe de vastes contrées où le sel commun couvre en cristallisations abondantes la surface même du sol; mais ce sont des contrées désertes impropres à la culture. On observe particulièrement des déserts de ce genre dans l'Asie centrale, en Arabie, en Égypte, en Nubie, dans le Sahara. Mais, indépendamment de ces dépôts de sel à fleur de terre, il en existe beaucoup d'autres, plus ou moins profondément situés dans le sol. On en trouve surtout sur les deux versants des monts Karpathes, depuis Cracovie jusqu'en Moldavie; en Hongrie, en Transylvanie; de moindres dépôts existent en Autriche, en Bavière, en Wurtemberg, en Angleterre, en Suisse, en Espagne. Le sel contenu dans le sein de la terre a reçu le nom de *sel gemme* (du latin *gemma*, pierre fine). On exploite le sel gemme dans de véritables mines, ou excavations à ciel ouvert ou souterraines, à Wielicka et à Bochnia (Pologne), à Cordoue (Espagne), à Vic et à Dieuze (Lorraine). Mais cela ne se fait que là où le sel gemme n'est mêlé à aucun autre corps. Autrement on préfère l'extraire en pratiquant dans le sol un trou de sonde; on y fait arriver de l'eau qui dissout le sel ; on pompe l'eau salée, puis on la fait évaporer et l'on recueille le sel déposé dans les chaudières d'évaporation.

Le sel étant si abondant au sein du sol, il n'y a pas à s'étonner que de nombreuses sources naturelles en tiennent en dissolution et que les lacs salés soient également fort communs à la surface des terres. La Lorraine, la Franche-Comté possèdent de nombreuses sources salées, dont les noms de Château-Salins, Salins, Lons-le-Saulnier rappellent l'existence. Beaucoup d'autres contrées abondent en sources salines. Les lacs salés sont communs dans la Russie d'Asie, en Sibérie, en Afrique. Les sources salées s'exploitent par une évaporation en deux périodes. On commence par les amener, au moyen de pompes aspirantes, dans des bâtiments où elles s'évaporent à l'air libre. On les nomme *bâtiments de graduation*. Ce sont de grands bâtis en bois de charpente, avec couvertures. Entre les montants sont rangées des séries de fagots disposés de façon à recevoir les vents habituels du pays. L'eau salée est amenée par une rigole au-dessus des piles de fagots, où elle se déverse. Elle coule en filets multipliés à travers les fagots, s'offre ainsi à l'air sur une très grande surface et subit une évaporation active. D'ailleurs, le bas des bâtiments de graduation est occupé par des bassins où l'eau salée non évaporée se récolte ; un système de pompes vient l'y reprendre et la renvoie à la partie supérieure. On concentre ainsi l'eau salée jusqu'à ce qu'elle ne renferme plus, pour 100 de son poids, que 20 et 22 de sel. On la chauffe ensuite dans des chaudières où on la fait bouillir vivement. L'ébullition fait précipiter un dépôt solide appelé *schlot*. C'est du *sulfate double de soude et de chaux*, qui se dissout moins dans l'eau chaude que dans l'eau froide. On retire ce dépôt

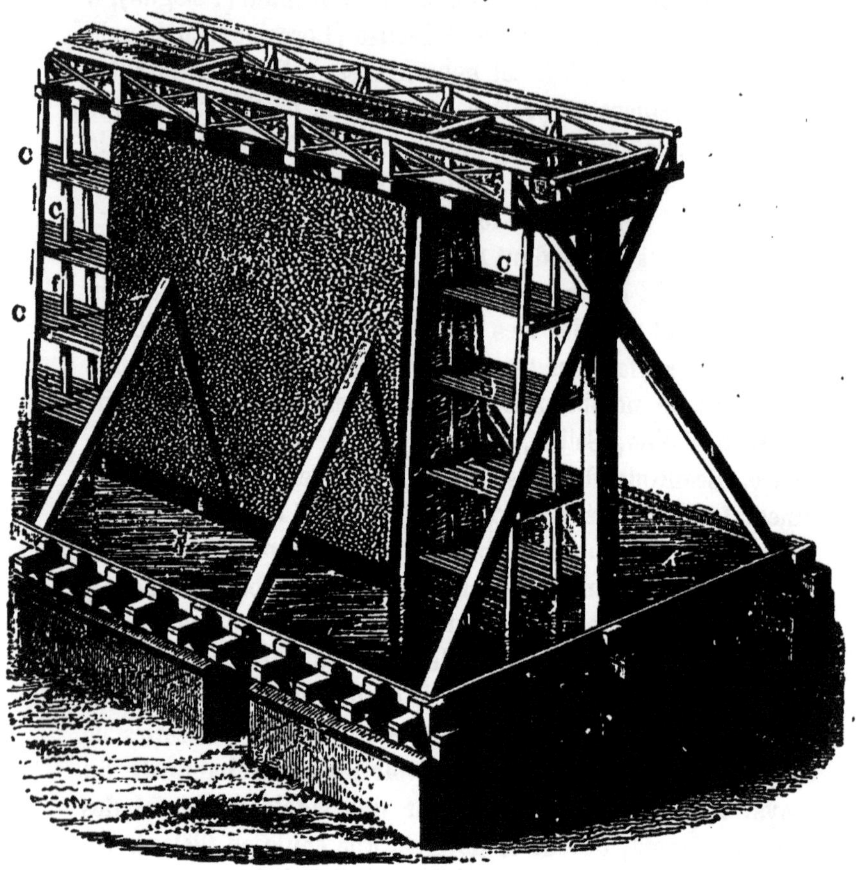

Fig. 40. — Vue d'un bâtiment de graduation.

avec de longs rateaux; puis on laisse refroidir et évaporer à peu près complètement; on récolte le sel, que l'on sèche dans une étuve. L'exploitation des sources salées se restreint d'année en année.

L'extraction du sel des eaux de mer se fait par évaporation

graduée à l'air libre. Elle se pratique sur un grand nombre de plages maritimes, au moyen de grands systèmes de bassins appelés *marais salants*. La France a des marais salants importants sur les côtes du Finistère, du Morbihan, de la Vendée et de la Charente-Inférieure (océan Atlantique), et sur celles des Bouches-du-Rhône, du Gard et de l'Hérault (Méditerranée).

§ 4. — LES TERRES

On a jadis désigné sous ce nom des corps d'aspect terreux que nous savons aujourd'hui être des oxydes de métaux alors inconnus. Les deux plus importants parmi ces corps sont la *chaux* et l'*alumine*.

Humphry Davy, en 1807, a décomposé la *chaux* en *oxygène* et en *calcium*, métal blanc-jaunâtre s'oxydant promptement à l'air et décomposant l'eau à la température ordinaire. Le chimiste allemand Wohler, en 1827, décomposa aussi l'*alumine* en *oxygène* et en *aluminium*, métal alors nouveau, bien connu aujourd'hui. M. Henri Sainte-Claire Deville, en 1854, a créé l'industrie de l'aluminium et introduit ce métal dans les arts usuels.

On peut encore citer parmi les matières appelées *terres* autrefois la *baryte* (du grec *barys*, lourd), la *strontiane*, la *magnésie*. Découverte en 1774 par Scheele, la *baryte* a été décomposée en 1807 par H. Davy; il y a trouvé de l'*oxygène* et un métal nouveau, le *barium*. On a de même trouvé dans la *strontiane* le *strontium*, et le *magnésium* dans la *magnésie*. C'est Wohler qui, en 1828, a isolé le *magnésium*. M. Henri Sainte-Claire Deville a fait connaître récemment un procédé pour l'extraire, en décomposant par le *sodium* le *chlorure de magnésium*. On obtient en brûlant un fil de *magnésium* dans l'air une lumière d'un blanc éblouissant.

§ 5. — LA CHAUX, LE PLATRE ET LE CALCAIRE

Lorsqu'on prend du *carbonate de chaux* et qu'on le chauffe au rouge, il se décompose; l'*acide carbonique* se dégage à l'état de gaz libre, et il reste un résidu solide qui est de la *chaux vive* ou *anhydre*. Telle est l'origine de cette terre si utile dans les arts du bâtiment et dans plusieurs autres.

C'est un *oxyde de calcium* composé de 60 grammes de *calcium* et de 40 grammes d'*oxygène* pour 100 grammes de *chaux*. Elle se présente sous l'aspect d'un corps pierreux blanc, non cristallisé, pesant plus de deux fois autant que son volume d'eau. 1 décimètre cube de chaux pèse 2 kilogr. 300. C'est un corps très caustique. Elle est infusible et indécomposable par la chaleur seule.

Les propriétés les plus importantes de la chaux se manifestent en présence de l'eau. La chaux vive est extrêmement avide d'eau; lorsque sur un morceau de cette terre on verse un peu d'eau, la température s'élève rapidement jusqu'à 300°; un bruissement de fer rouge trempé dans l'eau et d'abondantes fumées annoncent le passage d'une partie de l'eau à l'état de vapeur. La masse de chaux se fend et se fragmente; elle se gonfle jusqu'à complète absorption de l'eau, et l'on a de la *chaux éteinte*, c'est-à-dire *hydratée*. Calcinée de nouveau, elle redeviendrait chaux vive. Lorsqu'on verse beaucoup d'eau pour éteindre la chaux, il se forme un liquide laiteux appelé *lait de chaux*, qui est de la chaux en poudre fine suspendue dans l'eau. L'*eau de chaux* est une solution de chaux dans l'eau, obtenue par un long séjour de l'eau sur la chaux; elle verdit fortement le sirop de violettes et se montre avide d'absorber les acides, et surtout l'acide carbonique. La chaux est soluble dans l'eau sucrée.

La fabrication de la chaux se fait dans des fours en maçonnerie qui ont à peu près la forme de tourelle. La pierre à chaux est introduite par un orifice placé au sommet; à la base sont, d'un côté, un autre orifice par où l'on extrait la chaux vive; de l'autre côté, un fourneau dont la flamme pénètre dans le four et calcine le carbonate de chaux. A mesure que la

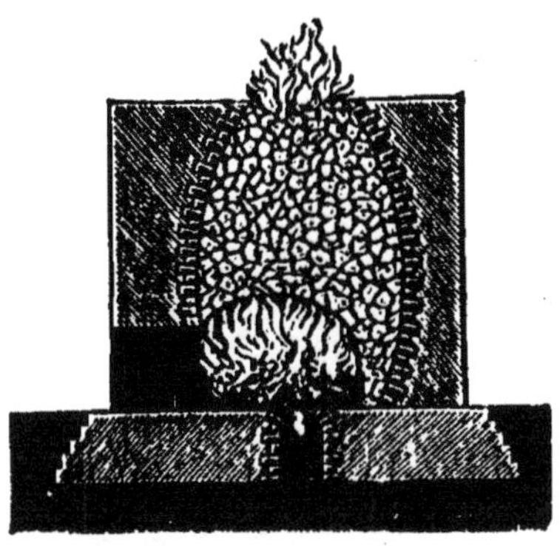

Fig. 41. — Coupe d'un ancien four à chaux, avec foyer en dessous, exigeant d'être rechargé à chaque cuisson.

chaux est avivée, on la retire par le bas, tandis que l'on recharge de la pierre à chaux par le haut. Le four peut ainsi marcher plusieurs mois sans se refroidir.

Il existe dans le sein de la terre une pierre particulièrement commune à Montmartre, à Pantin près de Paris, mais répandue aussi dans bien des pays, et que l'on nomme le *gypse* ou *pierre à plâtre*. C'est une pierre blanche se laissant rayer à l'ongle, souvent mêlée de lames cristallines d'un jaune roux soyeux. Les fines variétés bien compactes sont connues et employées sous le nom d'*albâtre gypseux* ou *alabastrite;* les autres servent à faire le plâtre. Il suffit, en effet, de chauffer un peu fortement le gypse à une température de 115° à 120° pour lui faire perdre de l'eau, que l'on voit s'élever en vapeurs; on obtient une pierre entièrement privée d'eau, facile à broyer en poudre fine sous un moulin; c'est le *plâtre*. Cette poussière blanche est assez avide d'eau. Si on la mêle avec ce liquide, elle l'absorbe en formant une pâte nommée *plâtre gâché,* qui, par l'évaporation de l'excès d'eau, se prend rapidement en une masse solide.

Voici l'explication de ces faits si fréquents à observer. Le gypse est un *sulfate de chaux hydraté.* Il contient environ

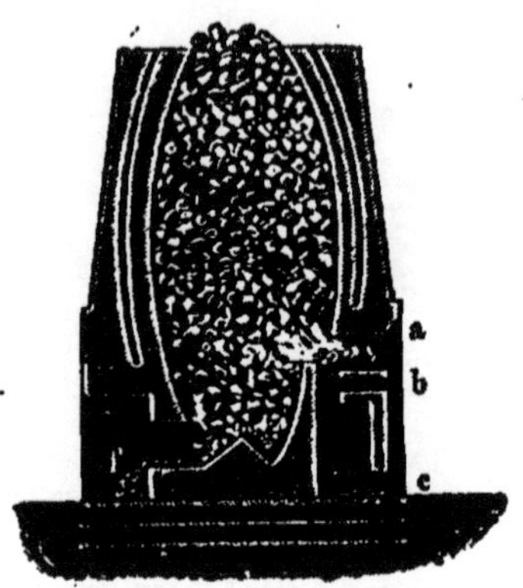

Fig. 42. — Coupe d'un nouveau four à chaux avec foyer latéral (*a, b, c*), à feu continu, recevant par le haut la pierre à chaux, et donnant par le bas, en *f*, la chaux vive.

19 pour 100 d'eau. La chaleur les lui enlève; le plâtre cuit est un *sulfate de chaux anhydre.* Le gâchage lui restitue cette eau, et le sulfate hydraté se forme en très petits cristaux qui s'agglomèrent dans le platras solidifié.

Les fours à plâtre ont quelque analogie avec les fours à chaux. La cuisson dure 24 heures, et l'on retire le plâtre cuit par une ouverture située de côté et vers le bas du four. On le broie ensuite soit sous une espèce de meule, soit sous de larges et lourdes roues tournant sur une aire circulaire. Le plâtre a besoin d'être garanti de l'humidité; il reprend facilement de l'eau, et en devient par conséquent moins avide et se gâche mal. C'est le *plâtre éventé.* Les usages du plâtre sont bien connus dans les constructions et pour le moulage. On l'emploie encore à composer le *stuc,* enduit avec lequel on imite le marbre. Les agriculteurs se servent du plâtre pour préparer la terre des prairies artificielles; c'est un moyen d'y introduire de la chaux.

Quant à la *pierre à bâtir* ou *pierre calcaire*, c'est une matière composée d'*acide carbonique* et de *chaux* (*carbonate de chaux*). Elle se présente dans le sol en grandes couches superposées. On les exploite à l'aide d'excavations nommées carrières. Selon les contrées, les couches calcaires sont plus ou moins compactes et plus ou moins dures. Les *marbres* sont des calcaires assez compacts et assez durs pour se polir au frottement.

§ 6. — L'ALUMINE ET LES ARGILES

L'exploitation du sol qui nous fournit la pierre à chaux, la pierre calcaire, la pierre à plâtre, nous procure une autre série de terres d'une haute importance et d'une nature bien différente. Ce sont des matières d'une couleur assez variable, depuis le blanc jusqu'au gris, au vert pâle, au rouge et au bleuâtre. Elles ont une consistance très fragile lorsqu'elles sont sèches; elles sont imperméables à l'eau et se laissent mouiller avec quelque peine. Cependant elles se délayent dans l'eau et l'absorbent pour former une pâte onctueuse, facile à couper au couteau, prenant, sous la pression d'un corps bien uni, un poli remarquable. Cette pâte se manie et se pétrit aisément; elle peut s'étirer assez bien. Ces terres, délayables à l'eau, happent à la langue lorsqu'elles sont sèches; c'est-à-dire qu'elles s'y attachent en absorbant l'humidité de cet organe. On leur donne le nom général d'*argiles*. La terre en renferme des couches très nombreuses et très variées. La chaleur fait subir aux argiles une modification qui achève de les caractériser. La pâte formée en délayant une argile dans l'eau perd, lorsqu'on la chauffe fortement, une plus ou moins grande partie de l'eau qu'elle a absorbée. Elle diminue de poids et de volume et durcit considérablement. Elle a perdu dans la cuisson la faculté de se délayer, et elle est devenue perméable à l'eau; c'est une nouvelle substance, la *terre cuite* ou *poterie*.

Les variétés d'argile que nous offre la nature sont très nombreuses. La plus pure argile est celle qu'on nomme *terre à porcelaine* ou *kaolin*. Elle est ordinairement d'un beau blanc et forme assez difficilement pâte avec l'eau. Elle est composée de *silicium*, d'*aluminium*, d'*oxygène* et d'*eau*. Le *silicium* y est combiné avec de l'*oxygène*, à l'état d'*acide silicique*. L'*aluminium*, combiné aussi avec de l'*oxygène*, y joue le rôle de base; cette base est l'*alumine*. La terre à porcelaine est donc un *silicate d'alumine* hydraté.

§ 7. — LES POTERIES

Parmi les propriétés des argiles, il en est une sur laquelle repose toute l'industrie de la fabrication des poteries de tous genres. C'est la faculté qu'ont les pâtes faites d'argile et d'eau de se transformer par la cuisson en cette matière nouvelle que l'on nomme *poterie* ou *terre cuite*.

La terre cuite est, suivant la pâte d'où elle provient, plus ou moins dure; mais les argiles bien pures donnent une porcelaine qui peut rayer le verre. On a donc ainsi une matière qui, après avoir été facile à modeler sous quelque forme que ce soit, selon la volonté de l'artisan, prend au feu une consistance qui rend ses formes définitives et devient complètement inaltérable. La terre cuite est donc spécialement propre à la fabrication des ustensiles d'usage domestique. Aussi a-t-on retrouvé de nombreux restes de poteries attestant que, dès les origines de l'humanité, même à ces époques reculées, antérieures à toute histoire, les hommes savaient déjà modeler et cuire des vases. Il y a loin de ces produits grossiers aux merveilles qu'ont produites plus tard les artisans de la Chine, de l'Égypte, de l'Étrurie (Toscane), de la Grèce, des grandes cités romaines et de diverses contrées de l'Europe, au moyen âge et dans les temps modernes. Mais on peut affirmer que, vingt-sept siècles avant Jésus-Christ, l'art des ouvrages de terre était déjà chez les Chinois en pleine prospérité; que, vingt siècles avant Jésus-Christ, les Égyptiens fabriquaient les chefs-d'œuvre en ce genre que nous admirons encore aujourd'hui.

Ce n'est pas ici le lieu de faire une histoire de l'art des poteries. Nous nous proposons seulement de faire connaître les principaux faits chimiques sur lesquels elle repose. La fabrication de tous les ouvrages de terre a pour matière première essentielle l'*argile*. Mais on ne peut l'employer seule. Elle forme avec l'eau une pâte qui se retire trop fortement à la cuisson et ne manquerait pas de se gercer et de se fendiller. On mêle à l'argile des matières qui n'absorbent pas l'eau, ne peuvent fondre au feu des fours et le supportent sans diminuer de volume, comme le fait la pâte argileuse; c'est de la *silice* (acide silicique), à l'état de *quartz* et de *sable*, de la *craie* pulvérisée (carbonate de chaux), du *feldspath* (silicate de soude ou de potasse avec chaux et magnésie). Certaines argiles se présentent naturellement mélangées des substances que je viens de nommer; ce sont des pâtes naturelles que l'on peut employer seules. Les autres argiles sont employées après avoir été modifiées par un mélange de ce genre. En résumé, toute *pâte céramique* (c'est-à-dire propre à faire de la poterie) est formée d'un élément plastique (pouvant se façonner à la main) que l'on nomme l'*élément engraissant*, et d'un élément antiplastique (incapable de faire une pâte maniable) ou *élément dégraissant*. Le dernier donne au premier de la consistance et en modère le retrait à la cuisson. La qualité de la poterie dépend de celle de l'argile qu'on a employée. Plus une argile est pure, plus elle donne une poterie fine. Enfin, la pâte céramique, lorsqu'elle est cuite, est poreuse. Il serait impossible d'employer les vases d'une pareille matière à recevoir des liquides. Ceux-ci pénétreraient dans la terre et suinteraient à travers. On remédie à cet inconvénient en recouvrant les ustensiles céramiques, après la cuisson, d'un vernis imperméable à l'eau, que l'on nomme la *couverte*. La pièce céramique, enduite de ce vernis délayé dans l'eau, est remise dans un four. Là elle est chauffée jusqu'à ce que la matière de la couverte fonde et s'étende en une couche uniforme à la surface de la pièce. La couverte est une matière siliceuse fusible et vitrifiable (capable de prendre l'état vitreux), d'une dureté suffisante. Tantôt la couverte doit être incolore et transparente, tantôt ces qualités ne sont pas nécessaires ; on choisit les matériaux en conséquence.

§ 8. — LE CRISTAL ET LE VERRE

Le sol qui nous porte est formé de couches de matières solides, parmi lesquelles abondent les bancs de *pierre calcaire* et les lits d'*argile*. On y rencontre aussi, non moins abondamment, des couches de *grès* et de *sable*, des dépôts de *pierres meulières* et des rognons de *silex* dit *pierre à fusil*. Toutes ces matières minérales sont essentiellement formées de *silice* ou *acide silicique*. C'est une combinaison du *silicium* avec de l'*oxygène*.

La silice est trop abondante dans la nature et a des propriétés trop spéciales pour n'être pas connue depuis bien longtemps. On la regardait même comme un corps simple ; c'est Berzélius qui l'a le premier décomposée et a prouvé que cet oxyde jouait, en se combinant avec la potasse, la soude, la chaux, la magnésie, les oxydes de fer, etc., le rôle d'un véritable acide.

La silice pure se montre à nous cristallisée dans ce que l'on nomme depuis longtemps le *cristal de roche*. C'est un corps insoluble dans l'eau. Aucun acide, aucune base ne l'attaquent, excepté un *acide* nommé *fluorhydrique*, aujourd'hui fort employé pour graver sur verre. Les silicates sont abondants parmi les minéraux naturels; la plupart de nos pierres précieuses, la topaze, l'émeraude, le *grenat*, l'aigue-marine, etc., sont des silicates cristallisés. Mais dans nos industries les silicates, sous le nom de *verre*, jouent un rôle dont chacun connaît l'importance.

Le *verre* est composé de *silice*, de *potasse*, de *soude*, et avec cela soit de *chaux*, soit d'*alumine*, soit d'*oxydes de plomb*, *d'étain*, *de fer*, *de manganèse*. Sa composition varie d'ailleurs d'une espèce de verre à une autre; mais c'est toujours un corps formé de *silicates alcalins* (de potasse, de soude) solubles dans l'eau et de *silicates* insolubles (d'alumine, de chaux, etc.). Les *silicates alcalins*, préparés comme ils le sont dans l'art de la verrerie, ne cristallisent pas, mais prennent l'état vitreux, où ils forment une masse compacte et transparente d'un éclat brillant. Les *silicates terreux* (d'alumine, de chaux) et les *silicates métalliques* (de plomb, d'étain, de fer, de manganèse) ne sont pas vitrifiables; mais ils sont durs, d'une fusion difficile, insolubles dans l'eau, et peu altérables aux acides. On ferait du verre très beau avec les silicates alcalins seuls, mais il serait facile à rayer, à fondre par la chaleur, à s'attaquer en présence de l'eau et des acides. Les silicates terreux et métalliques y sont introduits pour corriger ces défauts. En un mot, un *verre* est constitué de deux éléments contraires, un *élément vitreux* et un *élément terreux-métallique*, qui se corrigent et se complètent l'un l'autre.

Les matières premières employées pour composer le verre sont du *sable* plus ou moins pur, du *sulfate de soude*, du *carbonate de potasse* ou *de soude*, du *carbonate de chaux*, des *oxydes métalliques*, etc. Ces matières mélangées sont fondues dans de grands creusets réfractaires aux feux intenses, que contient un four en maçonnerie. C'est dans cette fusion que se forme le verre; il coule par une ouverture nommée *ouvreau*. C'est un liquide d'un rouge blanc étincelant; c'est comme du feu liquide. On le façonne pendant qu'il est dans cet état de fusion et d'incandescence. Ce travail difficile se fait par insufflation au moyen d'une *canne de verrier*. C'est un long tube en fer muni à un bout d'une embouchure en bois où l'ouvrier met sa bouche pour souffler; à l'autre bout, d'un renflement appelé *nez* qui sert à cueillir, dans le bain de verre en fusion, la petite masse qui va être soufflée. Il est clair que le verre à glaces qui doit former une plaque épaisse d'une grande étendue ne se soufle pas, mais se coule sur une table bien planée et bien horizontale. Mais le verre à vitres se souffle en cylindres que l'on fend et que l'on étale en lame sur une plaque chaude. La gobeleterie (bouteilles, verres, carafes, vases divers) se souffle avec des procédés variés très ingénieux.

On distingue trois genres de verrerie : les verres incolores ordinaires; les verres colorés communs ou verres à bouteilles; le cristal.

Les *verres incolores ordinaires* ou *verres* proprement dits sont faits de *silicates doubles de potasse*, ou *de soude*, et de *chaux*. Le *verre de Bohême*, d'une transparence parfaite, d'une dureté remarquable et d'une grande légèreté, se fabrique en Bohême, en Vénétie (Italie), en France à Baccarat. Le *verre à glace*, le *verre à vitres*, sont d'autres espèces bien connues. L'un et l'autre contiennent de la soude au lieu de potasse. Le verre ordinaire pèse 2 gr. 45 par centimètre cube.

Le *verre à bouteilles* se fabrique avec des sables ferrugineux, de la soude de varech, des cendres nouvelles, des cendres lavées, de l'argile ferrugineuse et de vieux tessons de bouteilles. Ils ont une couleur vert sombre due aux matières ferrugineuses.

Le *cristal* est un verre d'une beauté exceptionnelle, formé d'un *silicate double de potasse* et d'*oxyde de plomb*. On le taille ou on le souffle dans des moules. Mais les objets en cristal taillé sont toujours beaucoup plus estimés. Le cristal pèse 3 gr. 33 par centimètre cube.

Lorsqu'on veut colorer le verre ou le cristal, on introduit dans la pâte vitrifiable certains oxydes métalliques : *oxyde de fer* pour les tons jaunes ; *oxyde de manganèse* pour les tons rouges ou violets ; *oxyde de cuivre* pour les nuances vertes ; *oxyde de cobalt* pour le bleu et certains violets.

FIN

TABLE DES MATIÈRES

CHAPITRE I

QU'EST-CE QUE LA CHIMIE?

CHAPITRE II

LES TRANSFORMATIONS D'UN MÊME CORPS SELON LA TEMPÉRATURE

CHAPITRE III

LES PRINCIPALES CATÉGORIES DE COMPOSÉS ET DE CORPS SIMPLES

CHAPITRE IV

L'AIR ATMOSPHÉRIQUE ET LA COMBUSTION

CHAPITRE V

L'EAU ET SON RÔLE CHIMIQUE DANS LA NATURE

CHAPITRE VI

LE DIAMANT ET LES CHARBONS

CHAPITRE VII

L'ÉCLAIRAGE

CHAPITRE VIII

LES PRODUITS DE LA FABRICATION DU GAZ D'ÉCLAIRAGE

CHAPITRE IX

LES AUTRES MÉTALLOÏDES ET LES ACIDES PRINCIPAUX

CHAPITRE X

LES GRANDS GENRES DE SELS DÉRIVÉS DES ACIDES

CHAPITRE XI

LES MÉTAUX ET LES ALLIAGES

CHAPITRE XII

LES ALCALIS ET LES TERRES

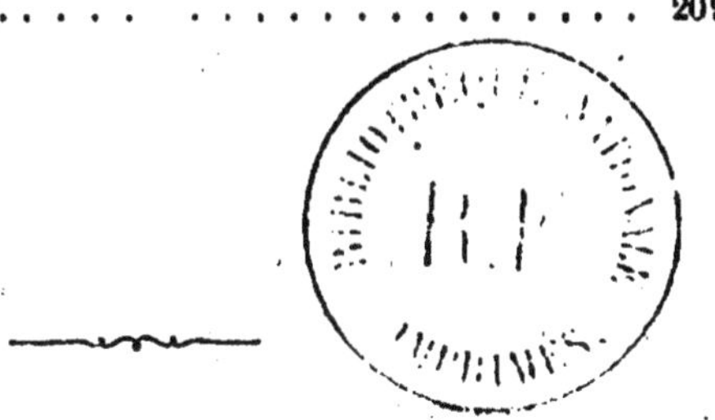

11691. — Tours, impr. Mame

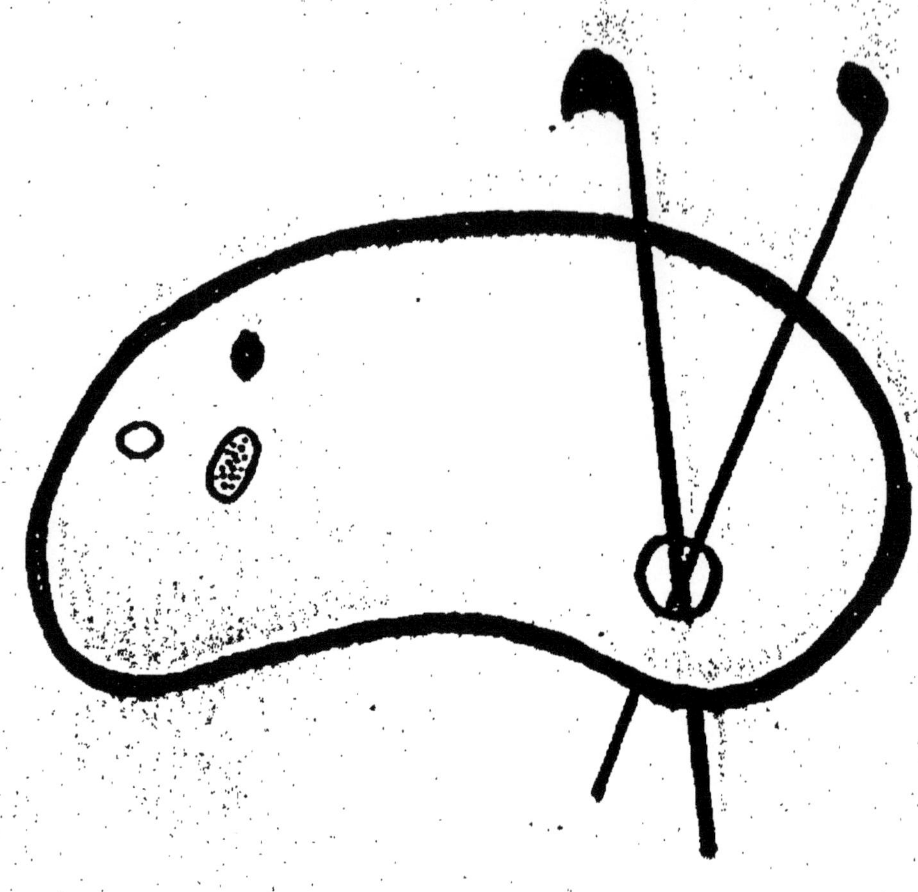

ORIGINAL EN COULEUR
NF Z 43-120-8

www.ingramcontent.com/pod-product-compliance
Ingram Content Group UK Ltd.
Pitfield, Milton Keynes, MK11 3LW, UK
UKHW020452200726
13857UKWH00002B/683